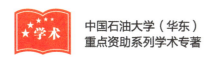
地震沉积学及其应用实例

SEISMIC SEDIMENTOLOGY AND ITS APPLICATION

林承焰　张宪国　董春梅　任丽华　朱筱敏　著

中国石油大学出版社
CHINA UNIVERSITY OF PETROLEUM PRESS

图书在版编目(CIP)数据

地震沉积学及其应用实例/林承焰等著. —东营：
中国石油大学出版社,2017.11

ISBN 978-7-5636-5819-0

Ⅰ.①地… Ⅱ.①林… Ⅲ.①地震学—沉积学 Ⅳ.
①P588.2

中国版本图书馆 CIP 数据核字(2017)第 291636 号

书　　名：地震沉积学及其应用实例

作　　者：林承焰　张宪国　董春梅　任丽华　朱筱敏

责任编辑：王金丽　袁超红(电话　0532—86983567)

封面设计：悟本设计

出 版 者：中国石油大学出版社
　　　　　　(地址：山东省青岛市黄岛区长江西路 66 号　邮编：266580)

网　　址：http://www.uppbook.com.cn

电子邮箱：shiyoujiaoyu@126.com

排 版 者：青岛汇英栋梁文化传媒有限公司

印 刷 者：青岛国彩印刷有限公司

发 行 者：中国石油大学出版社(电话　0532—86981531,86983437)

开　　本：185 mm×260 mm

印　　张：12

字　　数：266 千

版 印 次：2017 年 12 月第 1 版　2017 年 12 月第 1 次印刷

书　　号：ISBN 978-7-5636-5819-0

定　　价：150.00 元

序言

Preface

　　油气地质理论和勘探开发技术的突破将石油天然气工业推向新的发展阶段。20世纪70年代地层学与地球物理学的结合,产生了地震地层学;80年代从地震地层学又进一步衍生发展了层序地层学。这些新的理论与方法有效地推动了盆地和区带尺度的岩性油气藏的勘探开发。但是,随着油气勘探开发的不断深入和三维地震技术的发展,一方面地球物理与地质学科深度交叉融合促使我们重新审视地震地质研究中的一些基本问题,另一方面石油工业界对地质认识精度需求的不断提高,超出了传统地震地层学和层序地层学方法的能力。正是在这样的学科与技术发展和实际需求背景下,1998年我提出了地震沉积学的概念,相应提出了90°相位转换、地层切片、分频解释等地震沉积学关键技术,通过对地震水平分辨率的应用以及对地震反射穿时性的认识,为薄层砂体的识别和沉积相精细研究提供了新的视角和研究思路,并在油气勘探开发中得到广泛应用。

　　2011年,我在中国《沉积学报》发表了《地震沉积学在中国:回顾和展望》一文,总结了地震沉积学在中国的发展,提到对地震地质学科交叉研究及其应用,国内从学术界到石油工业界,都给予了长期的持续关注。特别是本书的作者们是中国率先进行地震沉积学系统介绍和推广应用的学者,正是他们促成了从2006年起国内出现的地震沉积学研究热潮。

　　我与本书作者有着长期的学术交流与合作,对他们的研究一直给予关注。最近10余年,本书作者根据中国实际地质情况,开展了河流、三角洲、滩坝、砂砾岩扇体等不同类型的陆相湖盆沉积体系地震沉积学研究,形成了独具特色的陆相湖盆地震沉积学理论和方法技术。与海相地层相比,陆相湖盆沉积具有沉积砂体规模小、岩相变化快、薄层砂体发育等特点。本书作者针对上述陆相湖盆特点,将现代沉积学与地球物理勘探技术有机交叉融合,建立多种砂体成因模式,强化岩石地球物理研究工作,创新发展了具有世界先进水平的陆相沉积盆地地震沉积学研究理论方法,在多尺度等时沉积砂体界面和非等厚薄层砂体识别等方面取得了独创性的研究成果,并在国际上引起关注。

此外,将地震沉积学理论方法应用于老油田开发阶段油气藏描述,与油藏工程相结合解决油藏开发尺度上的储层构型精细表征问题,这是目前石油工业界的一个重要需求,也是本书研究团队在地震沉积学研究领域的一个创新性实践与探索,并取得了显著成效。

地震沉积学从提出至今已有近 20 年的时间,但在地学领域仍属于一个年轻的、发展中的学科新领域。希望本书的出版能促成更多学者共同努力,推动地震沉积学不断发展完善,以期对油气工业产生深刻影响和巨大推动。

曾洪流(Hongliu Zeng)

资深研究员/教授

美国得克萨斯州经济地质局

美国得克萨斯大学奥斯汀分校

2017 年 12 月 10 日

前 言
Foreword

沉积相研究对于认识古环境及其沉积产物,重建古地理空间特征及其演化有重要意义,同时也是油气地质研究的重要内容。从露头到地下,从现代沉积到古代沉积,围绕时间和空间两个方面,沉积相研究在不断探索中发展。然而,长期的探究并没有一劳永逸地解决沉积相研究在"时""空"两方面的基本问题。

一方面是沉积相研究单元的"穿时"问题。在沉积相研究中,不论是沃尔索相律的应用,还是"将今论古"的沉积相模式建立及使用,都是以等时地层单元为前提的,沉积地层形成过程中的反复"沉积—侵蚀—沉积"以及沉积后"沧海桑田"的地质变化改造,使在空间上识别可靠的等时地层界面成为难题。在"穿时"的地层格架下,沉积相展布及演化研究已经失去了沉积学理论基础和方法支持,寻找"等时"地层界面成为当前沉积相研究从沉积学理论走向实践的关键。

另一方面是沉积相的"空间"描述问题。在油气地质研究中,传统的基于井资料的沉积相研究,虽然建立了从多井剖面到平面的"点—线—面"沉积相描述方法,但是对井间沉积相的认识存在太多不确定性,这种不确定性已经足以影响沉积相描述成果对沉积环境及其变化的认识和砂体分布预测结果对油气勘探开发指导的有效性。尤其是在油气开发地质研究中,沉积相空间预测的不确定性与不断提高的研究精度要求之间的矛盾已经难以通过传统沉积相研究方法调和。

在石油天然气勘探开发中出现的这些关键地质问题,需要通过学科交叉来综合解决。从地震地层学到层序地层学,将地球物理与地层学和沉积学研究相结合,发挥地震资料横向信息连续性的优势,为等时地层划分对比提供了一套有效的方法,在层序单元细分、沉积体系及沉积相展布等关键问题上迈出了重要一步,在油气勘探开发中得到了广泛应用。从 20 世纪 90 年代起,地震属性分析、地震反演等新的解释技术迅速发展,广大地球物理和地质工作者不断尝试井震结合的沉积相研究方法,揭示沉积相的展布与演化,这些努力都有效地推动了地层学及沉积学的发展,同时地球物理与地层学和沉积学进行学科交叉的必要性和可行性也成为了领域内的共识。

但是随着三维地震技术的不断发展、成像精度的提高以及地质研究的不断深入,在地震与地质学科交叉中,一些重要而基本的科学和技术问题出现在地质家面前:如何认识从地震资料获取的参数的地质意义?地震垂向分辨率之下的"薄层"沉积相及展布如何分析?成熟开发区丰富的动静态资料如何充分与地震资料结合?尤其是随着地震资料应用于开发地质研究,这些新的问题亟待回答。从 1998 年开始,美国得克萨斯大学奥斯汀分校的地震地质专家曾洪流先生提出"地震沉积学"并在 *AAPG Bulletin*、*Geophysics* 及 *The Leading Edge* 等刊物上陆续发表了一系列地震沉积学解释新技术和成功应用实例,这些研究成果在对上述问题的探索上取得了重要的进展,重新认识了地震反射信息的地质意义,建立了面向地震薄层解释的成套方法技术,开辟了地震地质研究中的一个新领域。

2005 年 7 月,曾先生在中国石油大学(华东、北京)等多家单位讲学,介绍地震沉积学新的地震地质解释理念和方法。笔者团队结合此前开展的大量地震地质研究实例,利用这些新的解释理念和方法审视研究中遇到的问题,探索我国陆相湖盆地震沉积学研究中的问题和方法,并得到了国家自然科学基金、山东省自然科学基金等项目的连续资助(国家自然科学基金项目"地震沉积学及其在河流、三角洲相储层中的应用研究""辫状河储层内部结构的地震沉积学表征方法研究",山东省自然科学基金重点项目"地震沉积学及其在复杂油气藏勘探开发中的应用研究"等)。2006 年起,笔者团队对地震沉积学的一些认识和研究实例陆续发表。同时,李思田、吴因业、谢玉洪、郑荣才、马世忠、刘化清、刘力辉、毕建军、杨飞等国内学者及团队也陆续开展地震沉积学的应用研究。事实上,2000 年之后高精度等时地层及薄层沉积相精准刻画已经成为我国老油田开发调整中的关键地质问题,地震沉积学"应时而生",指出了新的解决途径,因此从其传入国内伊始,就得到国内学术界和石油工业界的积极响应和广泛应用。袁秉衡、孟尔盛、李庆忠等老专家给出了积极的评价,中石油西北分院也多次邀请曾先生组织国内石油工业界和学术界联合的地震沉积学研讨,地震沉积学在中国的研究和应用热度不断上升,仅中国知网统计,从 2006 年国内第 1 篇地震沉积学文章发表,到 2016 年底发表论文已经接近 1 500 篇。在此期间,朱筱敏、林承焰、朱洪涛等众多国内学者及其团队,也将国内的地震沉积学研究成果在国际上发表,近年来的国际沉积学大会、国际地质学大会、AAPG 年会等国际会议上,不乏中国学者的地震沉积学成果展示。

本书作者团队在胜利、南海西部、大港、吉林、江苏、大庆、冀东、长庆、辽河、南海东部、塔里木、塔河、新疆等国内 10 多个油田以及秘鲁、委内瑞拉、蒙古等海外多个油田陆续开展了地震沉积学的应用研究,从勘探到开发,从陆相河流、三角洲等沉积类型到海相沉积,从中浅层到深层,从油田到气田,取得了一系列的成功案例,恢复了研究区古沉积环境及演化,预测了有利储层分布,指导了油气藏精细勘探开发,实现了地震沉积学的规模化应用。本书所列举的几个实例就是上述工作中的一部分,在此对上述油田单位及共同参与实例研究的油田科研人员表示感谢。研究成果的取得,尤其是地震沉积学研究成果在油田勘探开发中的推广应用和在油田生产中的实施,离不开他们的努力和创造性贡献。此外,中石油勘探开发研究院西北分院、北京诺克斯达石油科技有限公司、北京中恒利华石油技术研究所等单位对笔者研究团队在软件方面的支持与合作也是地震沉积学规模化推广应用的重要助力。

正如曾洪流先生所言,地震沉积学是一个发展中的新兴研究领域,不但需要广大地球物理和地质工作者的支持和包容,更需要大家在一些尚未解决的共性问题上一同努力:如何降低地震资料地质解释的多解性,认识和评估解释结果的不确定性,寻找不同地震信息与地质信息的对应关系,探索地质模式约束地震解释的有效方法,建立适应薄砂体沉积相研究的地震地质解释模式……

文刚锋、张江华、栗宝鹃、韩长城、郭威、杨彬、李帅、杨国杰、张克非、晁彩霞、宋亚民、肖大坤、何皓、刘梦颖、魏肃东、张木森、付英娟、王叶、王晓龙、李明翰等在本团队从事博士后研究及攻读研究生期间,参加了大量实例的研究工作,为地震沉积学的规模化推广应用及本书的撰写做出了贡献。作为团队负责人,我为他们的出色工作而感到欣慰。

地震沉积学的完善与发展,任重道远!谨以此书,抛砖引玉,以期更多学者关注并致力于地震沉积学研究。感谢曾洪流、李思田等专家及各大油田对本团队地震沉积学研究的长期支持与帮助。感谢国家自然科学基金、国家科技重大专项、山东省自然科学基金对研究的持续资助以及中国石油大学(华东)学术著作出版基金对本书出版的资助。

成书仓促,不妥及遗漏之处,敬请指正。

林承焰

2017 年 10 月

目 录

Contents

第一章
绪　论

地震沉积学经历了近 20 年的发展,理论、方法和技术不断发展完善。本章简要介绍地震沉积学的发展历程和关键技术,并对地震沉积学方法和技术的新进展进行介绍,这些新技术在后续各章结合实例的研究中会陆续涉及。

第一节　地震沉积学的发展

地震沉积学是在地震资料由二维到三维发展的基础上产生并发展起来的。20 世纪 70 年代,地震资料以二维为主,该时期以地震层序分析和地震相识别为主的地震地层学占主导地位。之后,随着三维地震技术的产生和发展,20 世纪 80 年代,研究内容转变成以层序划分和层序地层在地震剖面的识别为主要内容的层序地层学。在地震地层学和层序地层学发展的过程中,随着认识的不断进步、计算机水平的不断发展及地球物理方法技术的不断应用,1998 年 Zeng,Backus 及 Henry 等在 *Geophysics* 上发表论文,首次提出了"地震沉积学"的概念。之后,地震沉积学作为一门新兴学科出现并发展。到目前为止,地震沉积学在海相地层的应用中逐渐形成成熟的方法体系,在陆相地层中也逐渐开始尝试并取得初步效果,近 20 年时间的飞速发展显示出地震沉积学巨大的应用潜力和广泛的应用前景。

在地震沉积学的定义方面,Zeng 等(2004)认为地震沉积学是利用地震资料研究沉积岩和沉积作用的一门学科,主要研究内容包括地震岩性学和地震地貌学;2005 年,地震沉积学国际会议在美国休斯敦召开,在这次国际会议上,Posamentier 等提出"地震地貌学"的概念,这与曾洪流等提出的"地震沉积学"在概念和研究内容上非常相似;2006 年,曾洪流等对地震沉积学的学科基础进行补充,指出地震沉积学是建立在地球物理学、沉积学、地震地层学、层序地层学基础上的一门新兴、交叉学科;2011 年,曾洪流等明确将地震沉积学定义为"通过地震岩性学、地震地貌学的综合分析,研究岩性、沉积成因、沉积体系和盆地充填历史的学科",并指出在目前条件下,地震沉积学关键技术为 90°相位转换、地层切片和分频解释技术。

90°相位转换技术的核心思想是通过地震相位旋转 90°,可实现岩性界面与波阻抗界面的良好对应,最早由 Zeng 等(1996,2003)提出;2004 年,Zeng 和 Hentz 等通过楔状体模型,指出 90°相位转换在薄层解释和薄层成像等方面的优势;2005 年,Zeng 和 Backus 等将 90°相位转换技术应用到路易斯安那州 Starfak 油田中新统—上新统浅层地层的波阻抗和岩性解释中,取得了良好的应用效果。

地震沉积学是在对地层切片技术认识的基础上发展起来的,地层切片包括时间切片、沿层切片和地层切片 3 种。1979 年,Dahm 和 Graebner 等以地震资料为基础,利用水平成像技术对曲流河道的变化规律进行研究,在地震时间切片上发现了曲流河道的高分辨率振幅影像,这一现象显示了时间切片在沉积体系描述和刻画方面的巨大优势;1981 年,Brown 等提出将三维地震水平切片进行沉积相解释;后来,曾洪流等发表有关地层切片方法和理论模型研究的文章,并指出地震同相轴"穿时"现象,这一现象构成了地震沉积学研究的理论基础之一;之后,曾洪流等将地层切片技术应用于河道(路易斯安那州上新统)、河控三角洲(密西西比三角洲)、海底扇(墨西哥湾)、滑塌体和海地峡谷(路易斯安那州陆坡和海地峡谷)的识别和描述,取得了良好的应用效果。

分频解释技术源于曾洪流等研究碎屑岩沉积层序地震反射同相轴"穿时"关系后,认为地震同相轴性质在很大程度上受地震频率影响,并用前积的碳酸盐岩沉积层序及其地震响应对这一现象进行说明;之后,根据不同频率的前积正演模型,对这一现象进行验证。

在曾洪流前期研究的基础之上,2006 年,林承焰、董春梅等首次将地震沉积学引入国内,并运用到陆相沉积体(河流相等)的识别和描述中。

在概念方面,林承焰、董春梅、张宪国等对地震沉积学的定义进行了明确和细化,强调地质规律的指导作用,将地震沉积学的研究范围从沉积岩和沉积作用扩展到沉积体系和沉积相平面展布,并且由多个沉积相平面展布实现对沉积体演化规律的研究;魏嘉等(2008)在对地震沉积学的定义中进一步强调地球物理基础,指出地震沉积学是利用地震振幅信息和属性分析技术进行研究;同年,陆永潮等在地震沉积学的定义中更加强调传统沉积学模式和解释结果对地震沉积学的指导作用,指出地震沉积学是基于高密度三维地震资料、现代沉积环境、露头和钻井岩芯资料建立的沉积环境的联合反馈;2011 年,董艳蕾、朱筱敏等在曾洪流等研究的基础之上,对地震岩性学和地震地貌学的研究内容进行明确,指出应用地震岩性学可开展地层岩性的综合研究,应用地震地貌学并结合沉积体系地貌形态特征,可将经特殊处理的平面或立体地震数据体转换成沉积砂体分布和沉积相图。

在地震沉积学研究的过程中,以 2008 年为界,前期主要是以概念、定义及关键技术手段在海相盆地中的应用为主,主要讨论国外海相盆地中的研究实例和应用流程;2008 年之后,对地震沉积学研究开始拓展到陆相盆地,包括河流相、三角洲相和滩坝相等,但陆相沉积体系类型多、相变快、结构复杂,即使是同一沉积体系,在陡坡和缓坡也不相同,因此对陆相沉积体系的研究和探讨以方法技术的适用性为主。

在利用地震沉积学对河流相识别和描述的过程中,毕海龙等(2010)利用地震沉积学进行鄂尔多斯盆地河流相的识别,属于内陆坳陷盆地;林承焰、张宪国等(2010)最初将沉积学应用到渤海湾盆地辫状河水道的描述和刻画之中,开启陆相断陷湖盆最初应用的雏形;后来,地震沉积学在河流相的应用逐渐增多,魏巍、张顺等(2014)将其应用于松辽盆地河流相,张尚峰、刘武波等(2014)将其应用到江陵凹陷河流相,刘国宁等(2014)将其应用到沾化凹陷河流相等,均为地震沉积学在河流相识别和描述中的典型实例。

朱筱敏等(2011,2013)利用地震沉积学针对三角洲相进行识别,并应用到中亚某盆地、泌阳凹陷、松辽盆地、饶阳凹陷等具体研究实例中,取得了良好的应用效果。其余利用地震沉积学进行三角洲识别的典型实例还包括刘书会、宋国奇等(2014)在东营凹陷东营三角洲中的应用。

利用地震沉积学对浊积扇相及滩坝相进行识别和描述的相对较少。最初,刘保国、刘力辉等(2008)将其用于梁家楼水下扇的识别和描述;后来,朱筱敏等(2015,2016)利用地震沉积学进行滑塌浊积扇的识别及近岸水下扇的识别;栗宝鹃、董春梅、林承焰等(2016)利用该方法进行车镇凹陷远岸浊积扇的识别。对于滩坝相的识别和描述,以赵东娜、朱筱敏等(2014)对滩坝相的识别和描述较为典型。

在技术手段方面,曾洪流、林承焰、朱筱敏、刘书会、魏嘉、陆永潮等为满足陆相沉积体识别和描述的需要,对地震沉积学技术手段进行完善和补充,除经典的 wheeler 转换技术之外,还包括正演、反演、多属性分析等。目前普遍认为,凡是能利用地震信息进行沉积单元三维几何形态、内部结构及沉积过程描述和刻画的地球物理方法与技术,都是地震沉积学研究过程中必不可少的技术手段。

对于 wheeler 转换技术的发展而言,Tingdahl 等 2001 年提出利用三维地震数据体直接进行地质体检测的方法,为 wheeler 转换技术奠定了基础;2005 年,由荷兰 dGB 公司在 d-Tect 系统上进行研究和开发,wheeler 转换技术开始用于地震层序地层解释;Paul de Groot 等 2006 年提出地震数据或地震属性沿年代地层拉平,可以用于层序地层解释;Friso Brouwer 等(2008)认为,在考虑不整合的前提下,基于模型追踪的年代区域地层等同于地层切片;运用 wheeler 转换技术将时间域或深度域的地层剖面转换为 wheeler 域的年代地层表是地层切片技术新的发展阶段。运用 wheeler 转换技术进行层序地层解释的关键步骤是对同一地质年代的同相轴进行追踪,地震沉积学强调的是等时地层格架的概念,因此 wheeler 转换技术是地震沉积学研究和应用过程中必不可少的技术手段。

第二节　地震沉积学的研究方法和技术

地震沉积学包括地震岩性学和地震地貌学两个核心组成部分,也有专家学者将地震岩性学和地震地貌学视为地震沉积学的两个分支。地震岩性学包括宏观和微观两个部分,是研究岩石物理性质和地震响应之间关系的一门学科。与地震沉积学研究内容相关的是地震岩性学的宏观部分,主要是研究岩相(岩石组合)和地震反射特征之间的关系,即利用地震资料确定和预测主要岩性。地震地貌学则主要依据现代沉积学和主要沉积砂体的地貌形态,推断沉积类型。

004 | 地震沉积学及其应用实例 |

一、地震沉积学三项关键技术

地震沉积学的提出者曾洪流在其研究中提出了 3 项便捷而有效的地震沉积学解释技术：90°相位转换、地层切片和分频解释技术。在大量的研究实例中，这 3 项技术都取得了良好的应用效果，成为地震沉积学研究中最常用的解释方法和技术，因此也被称为地震沉积学的关键技术。

90°相位转换通过将地震资料转换一定的相位角，实现测井分层中的岩性界面与地震资料中的地层界面简单对应，不改变地震剖面的性质；时频分析技术通过将地震资料从时间域转换到频率域，由此在频率域得到反映地震信号的振幅、频率、相位等地震波场动力学、运动学特征的信息，最终通过对振幅谱、相位谱和极值谐频的分析，达到岩性识别和对不同岩性储集体分布范围进行描述的目的。

地层（体）切片包含地层切片和地层体切片。地层切片的制作首先需要选择两个等时沉积界面作为地层切片顶底界面，在顶底界面之间按照一定的切片方式内插出一些无法根据地震同相轴追踪方式得到的层位，反映这些层位所在地层的平面变化。关于地层体切片，笔者理解亦为层段属性切片，强调的是一个沉积时间段内的地层在地震属性上的综合反映，利用地震属性体切片可以观察不同时间段的地层展布情况。

观察地层体切片有两种方式：方式一，对一段地质时间内的地震数据体按照地震反射时间厚度进行等分，提取等分厚度之内的地震属性切片体；方式二，需要对一段地质年代的地震数据体做层拉平处理，并将纵坐标转换为地质年代，再进行等分提取属性切片体。不管哪种方式，都需要在三维立体显示方式下开展，要求具备高配置的计算机设备及三维图形处理能力。

以上仅仅是地层切片方式的变化，在实际应用过程中需要在沉积学理论的指导之下，将地层切片技术与多属性分析技术、波形反演技术、频谱分解技术、wheeler 转换技术进行有机结合，才可更好地进行地层岩性、沉积体平面展布等的研究。

地震地貌学对地下沉积体平面和剖面特征进行整体分析依然离不开地球物理手段，主要借助地层切片、地震属性、wheeler 转换、三维可视化、古地貌分析等形式来实现，其中对实现结果（如地层属性切片等）的解读，离不开测井曲线岩性解释和研究区地质模式的指导作用。

地层切片与地震属性分析技术结合使用才能达到沉积体描述和预测的目的。通过选择适当的地震参数进行体属性的提取和分析，在地震属性体内选择合适的切片方式制作地层切片，达到对沉积体横向展布规律和纵向演化规律进行描述和刻画的目的；wheeler 转换技术通过将地震数据转换到地质年代域，在等时地层格架内对沉积体展布规律进行描述和刻画；三维可视化技术可以清晰地反映出陆源碎屑体系的内部沉积结构；古地貌分析技术借助层拉平技术来实现，通过拉平不同时期沉积层或古沉积水平面来恢复古地貌特征，由此达到对古地貌特征进行直接识别和描述的目的。

在地震地貌学采用的各种技术手段中，三维可视化技术是一种显示方式，能宏观实现对地貌特征的描述和显示;wheeler 转换技术可以在地质年代域对沉积体的展布规律进行描述和刻画,但除受断层影响严重外,还受测井、录井等数据解释结果的影响;地震属性和地层切片相结合的方式可在地质模式的指导下直观、细致地推断沉积类型,确定沉积特征,但除受界面等时性与地层切片方式的影响外,最关键的还是受钻井数据所提供的真实地下岩相和沉积背景的影响。

分频解释技术在地震沉积学研究中主要解决两个问题:① 面向薄层解释,其依据是高频资料的波长越小,在目前的分辨率标准下可分辨的地层厚度也就越小。② 基于地震沉积学中"频率影响地震反射同相轴的地质意义"的认识,利用不同频率特征的数据体反映不同尺度的沉积体特征,通过资料的分频找到对目的层等时沉积单元研究反映最好的资料开展研究。

按照褶积理论,地震反射是反射系数序列与地震子波褶积的结果。根据傅里叶法则,这一关系在频率域中可以表示为:

$$S(\omega) = W(\omega) \times G(\omega) \tag{1-1}$$

$$\omega = 2\pi f$$

式中 $S(\omega)$ ——地震反射资料频谱;

$W(\omega)$ ——子波频谱;

$G(\omega)$ ——测井资料得出的反射系数频谱;

ω ——角度;

f ——频率。

从图 1-1(a)可以看出,当地震子波是理想化的尖脉冲时,上述褶积过程不会对地质模型的反射系数频谱带来变化,这种情况下的地震剖面与地质剖面的信息是一致的,但在实际的地震勘探中子波不可能是理想化的尖脉冲,所以这仅仅是一种理想状况。图 1-1(b)是利用不同主频的雷克子波进行褶积,结果都对地质模型的频谱产生了改造,但从结果上看,高频子波褶积的结果与地质模型的频谱特征更加相近。

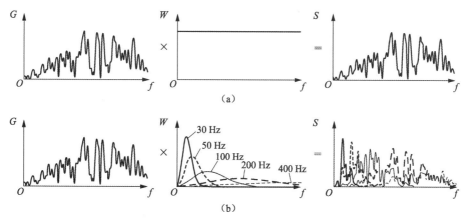

图 1-1 井点声阻抗在频率域的地震响应特征(据 Zeng 等,2003)

事实上,除上述关键技术外,在大量的实例研究中还形成了很多有针对性的地球物理解释方法,这些方法在地震沉积学解释中都发挥了重要作用。

二、地震沉积学新进展

1. 地震沉积学理论和技术新进展

1) 等时沉积界面的地震反射识别

地震沉积学提出了地震反射同相轴地质意义的新认识。在不同的地震资料及地质条件下，有些地震反射同相轴是等时沉积界面的反射，而有些则是穿时岩性界面的反射，在地震剖面上识别那些真正代表等时沉积界面的地震反射以及找到所研究的等时沉积界面在地震剖面上对应的反射。这是开展地震沉积学研究的重要任务，也是研究沉积相的基础。近年来，针对上述问题，围绕等时沉积界面的成因、地震反射特征和地震识别方法取得了长足的进展。

A. 地震反射等时界面和穿时界面的地质成因与发育模式研究

等时地层划分对比是沉积相研究的基础和前提，然而在三角洲进积、曲流河的边滩侧积以及湖海滨岸相进积和退积作用过程中形成了等时沉积界面和岩性穿时界面，在低频情况下地震反射同相轴出现"穿时"的岩性波阻抗界面。长期以来，在研究中忽视了对等时界面和穿时界面的地质成因和模式研究。

认识地层形成过程中不断的沉积-侵蚀过程以及不同成因单元的水动力条件差异性，以沉积学原理和岩石物理为基础，通过沉积-侵蚀作用平衡过程的分析，认识不同沉积相类型地层中，等时沉积界面和穿时界面的形成过程。物源、古地貌和水动力条件变化等因素是等时界面和穿时界面形成的控制因素，建立河流、三角洲、浊积扇体等不同类型沉积体的等时沉积界面和穿时岩性界面发育模式，可揭示等时界面和岩性界面的关系、界面成因及其岩石物理特征，为等时界面地震识别及等时体沉积相研究提供基础和模式指导。

B. 原型模型约束下岩性穿时体和多尺度等时体的地震响应模式

多尺度等时体的地震响应模式是等时界面地震识别的技术基础。早期的地震沉积学研究提出了频率控制地震反射的地质意义这一重要认识，根据这一认识，同一套地层组合在不同频率的地震资料上，其地震反射特征是不同的。传统的地震相将地震反射同相轴都作为等时界面，没有考虑地震资料频率的上述影响，因此，各种地层沉积组合在不同频率地震资料中的地震响应特征是怎样的，这是利用地震沉积学方法研究等时地层及其沉积相的基础，也是地震沉积学研究中亟待解决的问题。

近年来，笔者团队以地震岩石物理为地震与沉积学结合点，利用典型地质露头建立岩性穿时体和不同尺度等时体的原型地质模型，采用"地质雷达＋无人机"结合地震正演模拟的方法，在地质-地球物理原型模型约束下分析不同沉积单元及其组合的沉积岩石学参数和地震岩石物理参数特征，通过改变探测频率，建立了不同沉积模式下的岩性穿时单元和等时沉积单元地震响应模式，揭示了不同地震频率条件下等时沉积界面及沉积体与地震反射特征之间的关系，为等时界面地震识别提供了基础。

C. 等时沉积界面和沉积体地震识别新方法技术

只有实现等时沉积界面地震反射的自动识别才能够真正将上述认识推广应用到油田生产实际中。以等时-穿时界面的地震响应模式为依据,以频率对地震反射的影响为基础,将分频倾角差分析与 wheeler 域地震倾角分析相结合,可实现等时沉积界面和等时沉积体的地震自动识别。本书第二章将结合实例专门介绍识别不同级次等时界面地震反射的方法。

2）非线性地层切片新技术

地震切片方法从时间切片、水平切片到地震沉积学提出的地层切片,逐步向等时界面靠近,但是在横向厚度变化较大的沉积类型,尤其是陆相盆地中广泛发育的河流、各类扇体表面的分支水道等沉积中,需要采用更高精度逼近等时界面的切片新方法。

A. 以非线性地层切片为核心的切片新技术

非线性地层切片技术、地震时间域-wheeler 域变换和反变换技术相结合的地震切片新技术,有效避免了地震薄层砂体切片穿时问题,实现了地震沉积学中地层切片技术从线性到非线性的创新发展。在此基础上利用频率-尺度匹配的地震沉积学解释方法,可建立沉积模式约束下薄层沉积微相地震解释方法技术,从而实现地震薄层沉积微相工业编图。

近年来一些面向薄层和三维解释的软件陆续出现,三维沉积体雕刻、有色反演等特色技术和软件的应用为薄层沉积相三维刻画和演化分析提供了有力的技术支持,达到了不同期次等时沉积微相工业化编图要求,实现了厚度 2 m、宽度约 30 m 的窄薄河道砂体地震表征(图 1-2),将河道和扇体地震沉积相刻画尺度由多期次复合体精准到单期次级别。

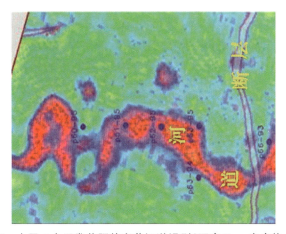

图 1-2　小于 1 个开发井距的窄薄河道识别(厚度 2 m、宽度约 30 m)

B. 多尺度储层构型地震解剖技术

地震沉积学方法在被提出之后主要是应用于油气藏勘探,储层构型研究逐步成为老油田开发精细化研究的重要方法,但是井间储层构型刻画缺乏有效手段。将地震沉积学关键技术应用于地下储层构型精细表征、油藏精细描述及精细地质建模,指导开发方案调整和剩余油挖潜,这是地震沉积学在应用领域上的新突破。通过将岩芯、测井、地震、开发动态资料相结合,可实现油藏开发尺度的储层构型单元和构型界面地震精准识别,形成面向油藏开发的多尺度储层构型地震解剖新技术,将井间构型地震表征由五级构型(单河道)提高到三级构型(侧积体/前积体)级别(图1-3)。

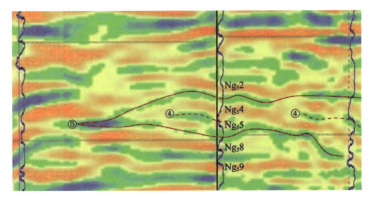

图 1-3　三级储层构型地震表征

C."沉积-成岩"耦合约束、地震叠前弹性参数反演驱动的多尺度地震成岩相预测技术

成岩相分布预测是深层低渗-致密储层质量评价的关键。随着低渗-致密油气藏开发的逐步深入,如何将成岩相认识从取芯段延伸到非取芯段,由井点拓展到井间,这成为成岩相研究的重要方向和难点,也是低渗-致密储层研究中的重要问题。

以"等时单元、沉积相、地震"为关键词的地震沉积学在解决这一问题上有着独特的优势。通过沉积学、储层地质学与地球物理的交叉融合,以地震岩石物理为纽带,将成岩参数定量化,优选与成岩相密切相关的测井参数和地震岩石弹性参数,利用地震叠前弹性参数反演技术,从岩芯分析的微观成岩相到分米级的测井成岩相,最后到三维空间的地震成岩相,定量预测成岩参数及成岩相空间展布,实现"岩芯-测井-地震"不同尺度的成岩相分布预测,从而有效指导非常规致密砂岩储层及深层油气藏"甜点"预测。本书第六章将结合海上油气田实例介绍少井条件下深层低渗-致密储层的成岩相预测方法。

3)地震沉积学应用领域拓展和软件研发

2006年之后,国内地震沉积学研究受到关注并迅速被石油工业界认可,得到推广应用。在这一阶段,地震沉积学的应用拓展到了从陆上到海域的成熟探区精细勘探开发,形成了陆相湖盆地震沉积学研究规范,满足了成熟探区的精细勘探和老油田精细描述挖潜剩余油的需求,实现了在石油天然气工业的规模化应用创新。

在地震沉积学提出后,美国Geomodeling公司(现为SeisWare)研发了地震沉积学解释软件Recon,但是软件的更新远远赶不上国内地震沉积学应用和技术发展的速度,研发的新方法和新技术不能及时体现在软件中。在国内地震沉积学研究中,一些新的方法技术也实现了软件化,但是很零散,缺少一个自主知识产权、定制化的综合性地震沉积学解释软件系统。中石油勘探开发研究院西北分院通过持续攻关研发,开发了具有自主知识产权和自主品牌的地震沉积分析软件(GeoSed)。该软件系统从井资料分析到地震解释,涵盖了地震沉积学研究的整个流程,可预测小于传统地震分辨率极限的薄储层,在地震反射等时性分析、非线性地层切片等多项技术上都超越了国外同类软件。同时,国内高校和公司企业也开展了相关软件的研发,出现了Geoscope,G&G,SMI等与地震沉积学解释相关的软件,这些软件的研发对地震沉积学的推广应用起到了积极作用。

2006 年以来国内地震沉积学发展迅速,学术界和石油工业界都投入了极大的研究热情,在不断发现新问题、解决新问题的过程中推动着地震沉积学的发展。

2. 薄层精细标定技术

"标定"和"检测"是地震沉积学研究的两个主要环节。针对"标定",曾洪流等提出"测井地震联合对比是地震沉积学的工作流程之一,在这一步骤中需要利用合成记录进行测井曲线的深时转换",同时还提出"典型井的声波合成记录及其与井旁地震道的对比,为地震沉积学成果图件的一部分"。由于地震沉积学研究需要在沉积模式的指导之下综合运用测井、地震等多方面的资料,因此层位精细标定既是地震沉积学研究的基础,也是关键步骤。

海相地层沉积厚度大,常规标定方法就可以实现,而断陷湖盆中地层沉积厚度相对较小、断层干扰作用强烈、湖盆中砂体沉积厚度薄,常规方法难以实现准确标定。以东营凹陷为例,断层影响作用较强,滩坝相砂体多为薄层或砂泥岩薄互层,单期浊积扇体厚度也较薄,这就给层位标定的正确性和准确性带来新的挑战。

砂泥岩薄互层具有"单层厚度薄、地层响应弱"的特点,所研究的浊积扇相和滩坝相的深度均在 2 000 m 以下,具有"沉积厚度薄、延展范围小、埋藏较深"的特点,在地震剖面上很难进行识别和描述,但是根据测井曲线特征可以进行有效的区分。因此,在运用地震沉积学中的相关方法技术对沉积体进行识别和描述之前,首先需要对薄互层层位精细标定方法展开研究。

针对上述问题,提出了一种薄互层精细标定方法(图 1-4)。该方法以极性判断为基础,在地层格架控制范围之内,以标准层和地震相特征为漂移标志,根据对不同类型子波的地球物理分析,采用"二次标定法则"和"时变子波",由强到弱依次实现层位精细标定,最终用反射系数的包络对标定结果的正确性进行验证。具体标定过程以滨东滩坝砂体薄互层沉积为例进行详细说明。

1)判断地震剖面的极性

薄互层层位精细标定方法的前提是剖面极性的正确判断。剖面极性的判断方法之一是根据确定性地震子波的极性进行判断,另外是根据特殊岩性体的地震响应进行判断。假定反射系数序列为正,与正极性子波褶积则产生波峰,反之则产生波谷。根据特殊岩性体地震响应的方法,以油页岩集中段为例,如果表现为双轨强波峰反射,则为正极性剖面,否则为负极性剖面。剖面极性的正确与否关系到标定结果的正确性,在层位精细标定的过程中起着重要作用。

2)确定标志层和地震相特征

在具体标定过程中,对漂移方向起着标志性作用的有标志层和地震相特征。其中,标志层发挥着重要的作用,参考同相轴分别为地震剖面的标准同相轴和区域性分布的特殊岩性体形成的地震反射,地震相特征用于辅助层位标定。在地震剖面上,有些地层或岩性分界面振幅强度较大、连续性较好,可在整个研究区内进行连续追踪,根据研究经验,会将这些地层设定为标准层。同时,有些研究区具有特殊岩性,比如东营凹陷沙三下亚段油页岩、油泥岩集中段区域性分布,在地震剖面上具有强反射特征,这些标准层和强地震反射具有标志性的作用,在合成地震记录与地震剖面进行一致性研究时,用于指示合成地震记录的漂移方向。

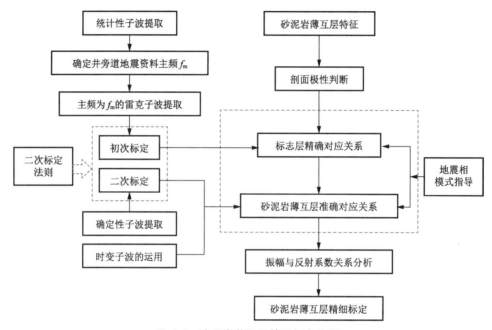

图 1-4　砂泥岩薄互层精细标定流程

进行滩坝砂体薄互层精细标定,首先要选定标志层。研究区标志层包含一个主要标志层(图 1-5a)和一个参考标志层(图 1-5b)。

主要标志层于沙四上亚段纯下次亚段(Es_4^{scx})底部,为一套 5～10 m 的泥岩,高自然伽马(GR),低电阻率且呈锯齿状,自然电位(SP)为泥岩基线,在标志层之下,电阻率曲线整体趋于平直,感应曲线中间抬升且变化幅度小;参考标志层为沙三下亚段(Es_3^x)的油页岩集中段,GR 曲线剧烈锯齿化,高电阻率,SP 平直且接近泥岩基线,该标志层全区分布稳定。由于沙四上亚段纯上次亚段(Es_4^{scs})存在严重剥蚀现象,所以在有些地区参考标志层也可作为沙三下亚段(Es_3^x)和沙四上亚段纯下次亚段(Es_4^{scx})的界限。

根据地震剖面的反射特点进行分析,主要标志层在研究区范围内的强弱有所不同,由图 1-6 可以看出:南北向地震剖面(图 1-6a)中南部地震反射同相轴能量较强,北部地震反射同相轴能量较弱;东西向地震剖面(图 1-6b)中反射同相轴强、弱间互,没有特别明显的差异性。参考标志层在整个滨东滩坝砂岩发育稳定,表现为"强双轨"的地震反射特征。

3)明确各类型子波特点

薄互层的重点标定步骤在于运用"二次标定法则"和"时变子波"进行标定。砂泥岩薄互层"二次标定"过程充分考虑到各类子波的特点:雷克子波波形标准,为正极性子波,仅根据频率不同有细微变化;统计性子波根据系统盲辨识原理,仅根据地震道数据估计得出,主要特点是波形标准,均为正极性子波,且可根据子波读取出主频信息;确定性子波首先根据测井资料计算出反射系数序列,然后结合井旁地震道由褶积原理得出,特点是与地震资料相关性强,由此产生的合成记录与地震剖面相似程度更高。

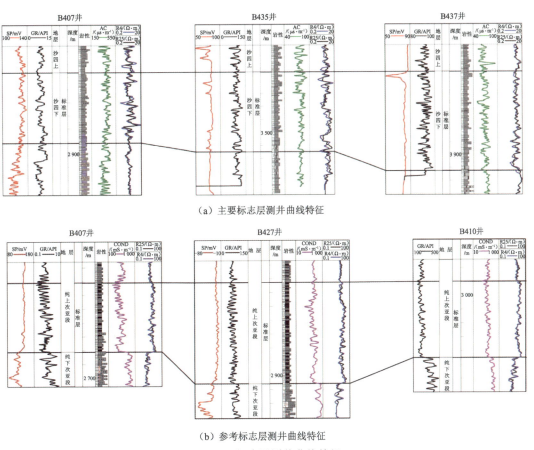

（a）主要标志层测井曲线特征

（b）参考标志层测井曲线特征

图 1-5　标志层测井曲线特征

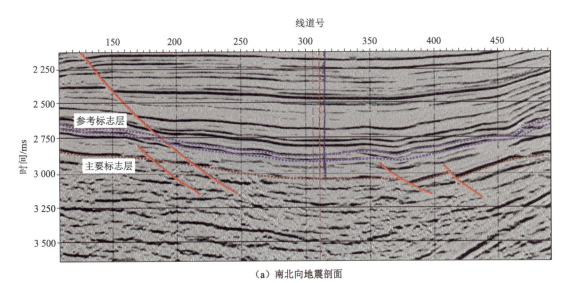

（a）南北向地震剖面

图 1-6　主要标志层和参考标志层的地震剖面特征

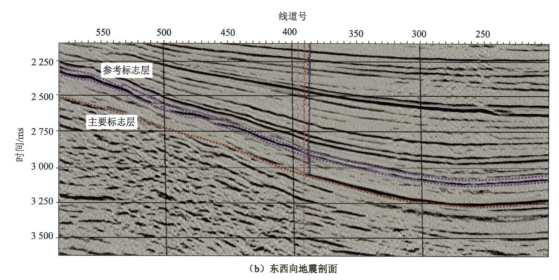

（b）东西向地震剖面

图 1-6（续）　主要标志层和参考标志层的地震剖面特征

　　根据提取的统计性子波（图 1-7a），确定井旁地震道资料峰值频率为 24 Hz；然后，用峰值频率代替主频，提取频率为 24 Hz 的雷克子波（图 1-7b）；最后，提取确定性子波（图 1-7c）。

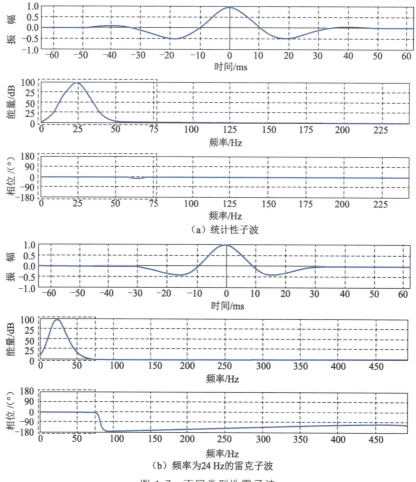

（a）统计性子波

（b）频率为24 Hz的雷克子波

图 1-7　不同类型地震子波

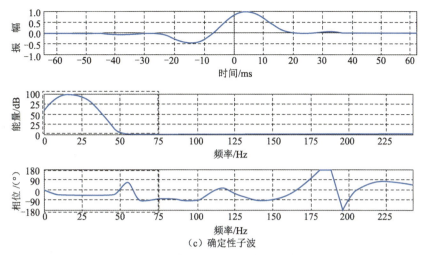

（c）确定性子波

图 1-7（续） 不同类型地震子波

由以上过程可知,统计性子波与雷克子波的波形均标准,在有效频带内均为零相位子波,不同之处是雷克子波旁瓣较小,振幅显示更为集中。确定性子波为非零相位子波,波形不标准,但与地震数据有更大的相关性。由此也说明地震数据体相位的不确定性。

4）二次标定法则

根据各类子波的特点,首先用统计性子波确定井旁地震资料的频率信息;然后提取该频率的雷克子波进行初次标定,在标准层和地震相特征的指示之下,达到主要波组的对应;最后用确定性子波实现合成地震记录与地震剖面的精确对应。以上所述即为"二次标定法则"。如果存在多个目的层,则通过对地震资料加窗处理产生的时变子波进行精细标定。

滨东滩坝砂岩有薄层和薄互层两种类型,地震反射特征弱,多为复合反射,研究中发现了有针对性的标定方法,采用"薄互层精细标定方法"和"二次标定法则"进行滩坝砂岩精细标定。在标定过程中,以油页岩、油泥岩形成的标志层为指导,以正演模拟形成的地震相特征为标志,充分利用不同频率的雷克子波、统计性子波、确定性子波、时变子波的特点,在地震资料分辨率允许的范围之内实现滩坝砂岩的精细标定。

以滨东滩坝砂岩发育区 B001 井为例:首先用主频为 24 Hz 的雷克子波进行层位的初次标定,即对主要标志层和参考标志层的对应关系进行研究(图 1-8a);在主要波组对应之后,再选择确定性子波进行二次标定,二次标定的过程中只需要对地震反射同相轴进行细小调整(图 1-8b),由此得到精细标定的结果。

统计性子波得到的合成记录与地震资料吻合程度较好,确定性子波得到的合成记录精度较高,也验证了上述结果。由于研究区目的层较为集中,没有用到时变子波,仅用时不变子波就达到了精细标定的要求。

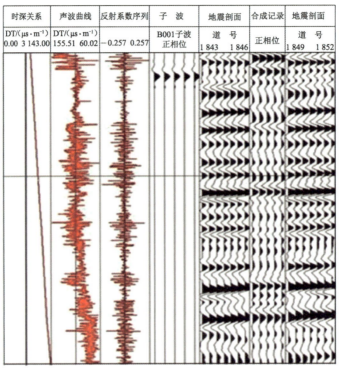

（a）24 Hz雷克子波标定结果

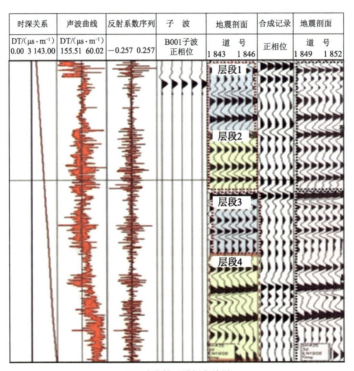

（b）确定性子波标定结果

图 1-8　薄互层精细标定结果

5）地震相特征和标志层的指导作用

在标定过程中,需要用到标志层和地震相特征的指导作用。沙三下亚段(Es_3^x)沉积时期,研究区沉积特征为油页岩集中发育,在地震剖面上表现为"强双轨"反射特点,坝砂主要发育在油页岩集中段下部。通过分析过 B001 井地震剖面,发现"强双轨"反射的下面具备坝砂特征的地震反射。此外,研究区坝砂的地震相特征为"短轴状、中强振幅、不连续"。以上特征可以指导合成记录的漂移方向。

以 B001 井为例,由测井曲线得到坝主体的地质分层,共 3 段,分别位于 2 918～2 924 m,2 951～2 957 m,3 017～3 025 m 之间。通过薄互层精细标定,合成记录与地震剖面波组对应关系良好,3 段地层在地震剖面上均有显示,除 2 918～2 924 m 和 3 017～3 025 m 与相邻地震反射同相轴形成复合反射之外,2 951～2 957 m 的坝主体表现为"短轴状、弱连续"的地震相特征(图 1-9)。

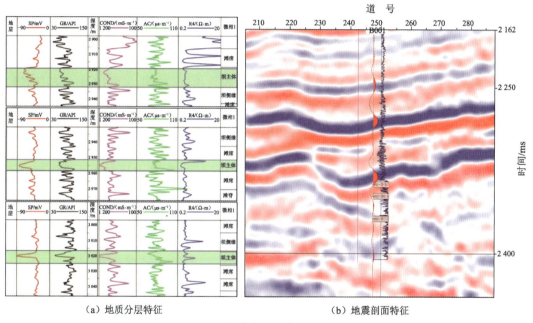

（a）地质分层特征　　　　　　　　（b）地震剖面特征

图 1-9　地质分层和地震剖面特征

3. 薄层砂体识别技术

薄层砂体识别技术包括剖面识别和平面识别两部分。薄层砂体的剖面识别包括相特征、单井相划分结果和地震剖面相规律;薄层砂体的平面识别包括沿层属性切片、地层切片等平面分布特征及沉积相图。薄层砂体的剖面识别与平面识别相辅相成,剖面识别的结果为平面识别提供约束条件和检测方法。反之,平面识别又扩大了剖面识别的范围,将对沉积体的认识拓展到平面分布范围,由此达到有效进行薄层识别和描述的目的。

在测井相标定地震剖面相的基础上,通过地震剖面相来认识地震平面相,从而达到对沉积体空间展布规律的正确认识。在上述过程中,对沉积相的正确认识是测井相识别的基础,同时沉积相模式对沉积体展布规模的描述和刻画起着指导作用;测井相是沉积相与地震相之间联系的桥梁,通过井震精细标定来实现;对地震剖面相的识别以及地震平面相展布规律的预测是研究的最终目的。

由地震剖面相向地震平面相的转化,是通过对地震数据体或者地震属性体进行地层切片来实现的。本节主要针对传统的地层切片技术及改进的地层切片技术进行探讨,从而为沉积体展布范围的精确描述和精细刻画奠定基础。

地层切片技术在"横向检测、纵向分辨"的基础上产生,而陆相沉积体具有"沉积厚度薄、相变快"的特点,尤其对陆相断陷湖盆而言,存在断层的干扰作用,更增加了沉积体识别的难度。将原有适用于海相沉积体的方法应用于陆相沉积体的识别和描述,势必存在一定的局限性。

改进的地层切片技术主要针对传统地层切片技术的局限性提出。沿层切片以人工追踪地震反射同相轴为基础,上下设定一固定时窗,在时窗范围内进行地球物理参数的计算。但地层是变化的,如果时窗过小,由于噪声和截断效应,则不能提取全部有效信息,导致分析结果与地质情况不符合;如果时窗过大,加入相邻层位则导致"串轴"现象,不能较好地反映目的层的真实情况,导致分辨率降低。层段属性相当于在人工地震解释层位之间进行地球物理信息的提取和计算,相当于在大时窗之内进行属性提取,不能满足薄互层精确识别和精细描述的需要。时窗固定是地层切片技术的局限性之一。

针对地层切片的时窗问题,将固定时窗改为变化时窗,由此突破地层切片时窗的局限性。由于"变化时窗"是由地层切片转化而成,因此首先需要确定地层切片的方式。常见的切片方式有平行于顶、平行于底、顶底均衡。G&G软件中制作地层切片的模块提供了一种渐进内插的方式。以上均为线性切片,也是地震沉积学应用研究中比较常用的几种切片方式。刘书会等对非线性切片进行了描述,由于该切片方式既考虑了沉积速率随时间的变化,又考虑了等时界面终止位置对地层切片的影响,因此在等时地层格架内采用该方式制作得出的地层切片更具等时性。

地层切片则只是对固定位置进行切片显示(图 1-10a),对沉积体进行描述和刻画的精确程度受地层切片位置和类型的限制,结果存在不确定性,尤其对薄层沉积而言,切片位置不当还会导致对薄层沉积遗漏现象的发生。因此,只能在单一平面内对薄层沉积体进行描述,这是地层切片技术的局限性之二。

改进的地层切片技术充分考虑地层切片技术的适用性和局限性,利用该技术可以预测沉积体横向分布范围和垂向变化规律的特点,以不同沉积微相的测井曲线和地震相模式为指导,将恰当的地层切片转换为地震解释层位,作为变化时窗进行层间地球物理信息提取,由此在时窗合适的前提下又克服了地层切片技术"一面之见"的局限性,在背景反射中有效地识别出薄层砂体的地震反射特征,达到对薄层砂体识别和描述的目的。

选取与地震反射同相轴和地质分层标定结果吻合程度较高的地层切片,进行与地层切片相关的属性提取与分析,可具有比地层切片更高的准确性,同时也更具备实际的地质意义,这也是此研究思路的独到之处。

确定分析时窗之后,在变化时窗范围之内,采用地球物理信息提取和分析的方法来解决地层切片大量采样与薄层分辨率极限之间存在矛盾的问题(图 1-10)。地球物理学信息的提取和分析采用统计学的方法。将统计学思想用于油气勘探中,主要是利用已知样本属性进行统计分类,由此达到预测未知样本属性的目的。

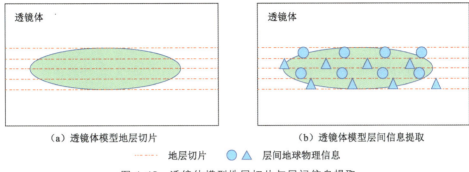

（a）透镜体模型地层切片　　　　　　　　（b）透镜体模型层间信息提取

- - - - - 地层切片　　🔵 🔺 层间地球物理信息

图 1-10 透镜体模型地层切片与层间信息提取

利用改进的地层切片技术对薄互层进行描述和预测,具体步骤如图 1-11 所示。信息提取的第一步是确定分析时窗,为保证薄层预测的精度,分析时窗的选择必须恰当,既要有效地包含薄层信息,又不能过大。因此,将结合地质分层的地层切片作为分析时窗,可克服采用固定时窗进行地层切片的局限性,对薄层砂体的识别和描述来说也是一种行之有效的方式。

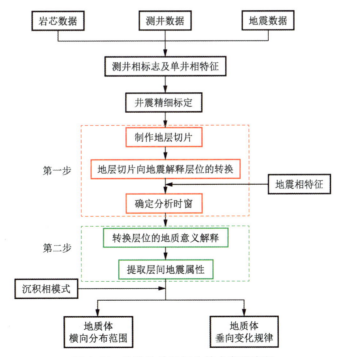

图 1-11 改进的地层切片技术实现流程

第二步主要是进行层间地球物理信息提取,即在分析时窗内对地震信息进行垂向和横向上的某种平均。地震属性横向上的平均由地震横向分辨率确定,垂向上的平均则由顶底层位确定的分析时窗确定。层间地球物理信息提取的属性主要分为 3 类:振幅类属性、复地震道属性和层序(统计类)属性。每类属性都有不同的适用条件,比如有些适用于识别不整合、断裂,有些适用于识别变化的层序地层,有些适用于识别河道、三角洲砂体等,在实际应用过程中要根据研究需要选择合适的层段地震属性。

切片间均方根属性是指两个设定层位之间均方根振幅值的变化,即在变化时窗之内进行属性的提取。以 H146 地区滑塌浊积扇砂体的描述与刻画为例,通过将地层切片技术(图 1-12a)与改进的地层切片技术(图 1-12b)进行对比,可知:① 总体规律性不变,局部存在差异,虽然对浊积扇体叠合部分的刻画区别不大,但在扇体边缘和低级次扇体预测方面,改进的地层切片技术更能凸显出扇体"多期叠合"的特点,对浊积扇砂体的刻画更为精细;② 地层切片预测的浊积扇砂体和滩坝砂体分布边界是突变的,改进的地层切片技术在"层段"的框架内对砂体分布规律进行预测,边界是渐变的,更符合实际地质情况。除此之外,根据 H146 井点位置的地震相平面相特征,均方根振幅属性切片能量分布相对较弱,难以反映出沉积微相在一段沉积时期内的变化情况。

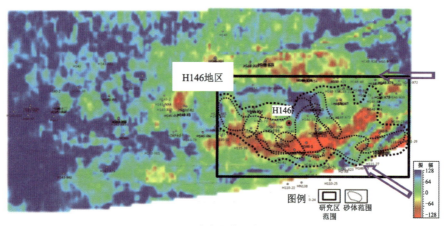

(a)振幅属性切片

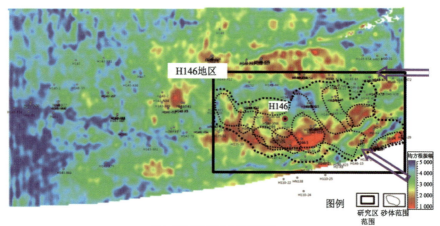

(b)切片层间均方根振幅属性

图 1-12 滑塌浊积扇体展布特征(据不同方式地层属性切片)

　　地层切片技术只是针对一个平面进行描述,即使切片数量再多,也难以达到对沉积体空间分布特征进行描述的目的。层段属性分析技术是在地震解释层位的基础上进行的,时窗过大,难以满足薄互层精细刻画的需要。地层切片技术考虑了沉积速度随时间的变化,不仅比人工追踪层位更为精细,还具有等时性。研究中独创性地将地层切片技术与层段属性分析技术相结合,在地层切片技术的基础上引入了"层段"的概念,由此达到对陆相断陷湖盆中薄互层沉积体进行精确识别和刻画的目的。

第二章
等时地层地震分析

　　等时地层研究是地震地质研究中的基础工作,也是砂体预测和沉积相研究的前提。根据地震沉积学中对地震反射同相轴地质意义的认识,并不是所有的反射同相轴都是等时的。尤其是随着研究的精细化,这一问题就变得不容忽视,需要借助一些方法寻找等时地层的地震反射。本章介绍等时地震反射的分析方法以及不同级次等时界面的确定方法,在此基础上介绍我国南海 W 油田等时地层格架建立及其地震解释的研究实例。

第一节　地震反射界面等时性分析方法

一、地质年代转换方法

　　地质年代转换是地震沉积学的关键技术之一,核心是 wheeler 转换技术。wheeler 转换技术通过倾角扫描和等时小层层位追踪,将地震数据转换到地质年代域,根据地质年代域数据旋回性的特点,进行界面等时性判断和对最小等时界面进行识别,同时对沉积体的级次进行划分。

　　wheeler 转换技术的核心是地震数据向地质年代域的转换,关键步骤是倾角扫描和等时层位追踪与拉平,主要特点是"双域同步"层序解释,具体流程如图 2-1 所示。wheeler 转换的基础是精细的等时地层解释结果。

　　wheeler 域剖面的不同信息表现为不同的地质意义,这存在下面几种典型的情况:在 wheeler 域的数据缺失,远离物源的空白带可能是无沉积作用造成的,近物源空白带可能是沉积地层遭受剥蚀所致;角度不整合在沉积域表现为单一同相轴,在 wheeler 域表现为两个不同的位置,其中不整合面之上为单一同相轴,不整合面之下为羽毛状地震反射特征等。

　　根据层序地层学的观点,一个完整的层序结构在地质年代域存在与之相对应的规律性。以层序地层解释为基础,根据沉积历史时期对沉积事件进行剖析,并在水平方向上进行拉平,可形成一"轮状"图形。地震沉积学主要侧重于沉积体系的平面展布、空间形态及演化过程的研究。在 wheeler 域中,根据物源方向和层序地层学解释原理,进行体系域解释;根据 wheeler 域不同沉积时期的沉积组合,可对沉积体系的空间形态及演化过程进行分析;根据沉积旋回的方向和规律性变化,可对不同级次的沉积体进行识别和划分,并对地层界面的等时性进行判断。

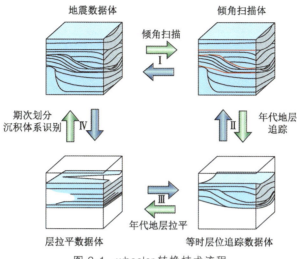

图 2-1　wheeler 转换技术流程

在地质年代转化的过程中,可选择具有代表性地质意义的解释结果,转换为地震解释层位,揭示沉积体的平面展布规律,由此达到对沉积体系进行地震沉积学研究的目的。

通过地质年代转换的实现流程可知,倾角扫描和等时小层层位追踪是 wheeler 转换技术的重要步骤,而这两个步骤受断层复杂程度和断距大小的影响,如果断层较多且断距较大,采用该技术手段将会产生与实际不符合的等时小层层位追踪结果,由此影响沉积体级次划分的准确性。因此,在断层复杂、断距较大的研究区,不适合采用该方式进行沉积体级次划分。

二、分频解释方法

地震沉积学认为,在不同频带上产状一致的地震同相轴代表同一等时界面,因此利用分频解释的方法对地层格架的等时性进行判断是地震沉积学的经典技术方法。人工解释的地震反射同相轴并不一定是等时的,有些在低频地震剖面中存在的地震反射同相轴在高频地震剖面中并不一定存在。除此之外,在低频地震剖面和高频地震剖面中对地震相和地层关系的解释结果也是不同的。因此,需要在层位追踪的基础上,对地震剖面进行分频解释,进而对地震剖面的等时性进行判断。

分频解释的成果包含调谐体和离散频率能量体两种。调谐体在平面上为单一频率对应的调谐振幅,垂向上为连续变化的频率,因此可在沉积模式的指导下观察目的层段沉积体横向变化的规律。离散频率能量体垂向上与地震数据体相同,均为时间,但整个数据体均为单一频率成分,因此可选择在不同分频剖面上产状和位置表现一致的界面作为等时地层界面。

分频解释和频谱分解技术的基础是时频分析。时频分析主要作用于地震资料。分频解释方法可以得到不同频段的地震数据,由此达到对不同频率沉积体进行识别和描述的目的。首先,对地震数据体进行扫描分析,得到地震数据体的频率范围;然后,对地震数据体进行分频,由此滤掉那些因为岩性变化而产生的同相轴,寻找随频率变化稳定的同相轴,用于地层格架等时性的判定。

三、地层切片方法

地层切片需要选择两个等时沉积界面作为地层切片顶底界面,然后在顶底界面之间按照一定的切片方式内插出一些无法根据地震同相轴追踪方式得到的层位,以反映这些层位所在地层的平面变化。将地层切片与反映储层物性的地震属性结合,产生的地层属性切片可反映沉积体变化规律。

对地层界面进行等时性判断采用地层属性切片的方式。首先对地震属性体进行密集切片,然后针对地层属性体中的扇体进行编号,最后按照一定的顺序对同一期次的扇体进行规律性探讨。以浊积扇体为例,其为重力流沉积形成的产物,其顶底界面的形成具有瞬时性,因此根据扇体在不同小层中的变化规律可得出对小层界面的等时性认识。

需要注意的是,制作地层切片的关键是建立两个等时的解释层面,需要在参考同相轴之间等分内插制作切片,然后在两个等时的解释层面之间进行等分内插制作切片,并认为这样的切片也都是等时的。

四、基于地震相的反射等时性判断方法

地震相是同一时期形成的、反映同一时期内地质情况变化的沉积体地震剖面响应特征的综合,其顶底界面可反映等时性。根据地震相特征进行等时性判断,以地震解释层位为基础,在解释的过程中需遵循"平行等时对比原理",结合地层特点综合进行。因此,等时界面追踪结果并非都具有强地震反射特征。

第二节　不同级次地震反射界面等时性分析

在地层格架建立的基础上,对地层界面的等时性进行判断。依据地震沉积学理论,根据地震反射同相轴的频率无关性进行地震反射界面等时性判断的方法单一且存在不确定性,这是因为只要地震反射同相轴有较强的反射系数,不论是否为等时界面,都可产生与频率无关的连续的地震同相轴。

在进行地层界面等时性判断之前,首先要对沉积界面的级次进行划分。根据 Miall 的划分方案,地震剖面上可以识别的为七级界面、六级界面和五级界面。其中,七级界面是滑塌浊积体沉积体系的顶界面,与地层界面中的亚段相对应;六级界面为单一浊积扇顶

界面,与砂层组顶面相对应;五级界面多为朵叶体或浊积水道复合体,与小层相对应。

针对不同级次层序界面等时性判断的问题,提出一种"界面限制、逐级深入"的方法(图 2-2)来判断地层界面的等时性:在标准层的控制下,先对包含目的层段的标准层的等时性进行判定,一般对应于段或亚段;在标准层框架之内,采用地震剖面相特征、地质年代转换或者分频解释方法,对对应于砂层组的地层界面进行等时性判断;最后,以六级界面为界限,采用地质年代转换或地层切片方法,近似针对对应于小层的界面进行等时性判断。由于小层界限在地震剖面上一般难以进行识别和追踪,因此只能大致实现等时性的判定。

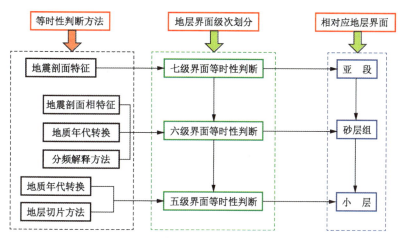

图 2-2 不同级次层序界面等时性判断方法流程

一、七级界面等时性分析

在地震解释方法中,地层表面被认为是沉积物的沉积表面,这些表面是连续和有波阻抗差异的,而且从地质概念出发,该表面被认为是同一时期形成的,因此地震剖面相特征不仅可以用于沉积相的识别和描述,还可以用于地震反射界面等时性的判断。也就是说,地震反射同相轴在代表原始沉积界面的情况下均具有等时性的意义。

根据地层界面级次划分结果与地质层位的对应关系,七级界面与沉积亚段相对应。在利用地震剖面相特征判断地层格架的等时性时,首先要确定标准层。在地震剖面中代表稳定相带(如最大洪泛面凝缩层和深湖泥岩)或特殊岩性(如灰岩、煤、火山岩夹层)等少数受地震频率影响较小的同相轴,可作为等时界面追踪。参考标准层就是指在研究区内具有相对稳定的沉积环境,并且可以连续追踪的反射同相轴。这类标准层受非地层因素影响较小,具有等时性。

以东营凹陷南坡的中央隆起带西侧为例,研究区目的层在沙三中亚段(图 2-3)。部分地区 T4 标准层为沙三上亚段块状砂岩发育的主要层系,T6 为沙三下亚段油页岩的集中发育层系,由于地层发育稳定,在地震反射剖面上表现为"强振幅、强连续性",如果研究目的层在沙三中亚段,就可以将 T4 和 T6 作为参考标准层。

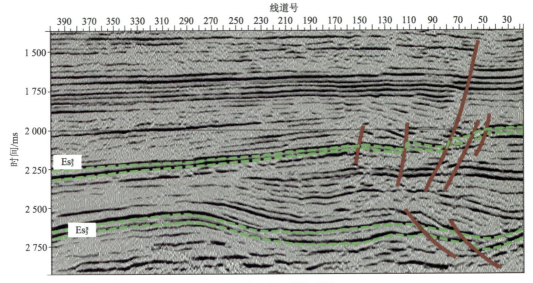

图 2-3　沙三中亚段标准层

　　需要注意的是，并非所有"反射连续、能量较强"的地震同相轴都可以作为等时同相轴。扇三角洲中的"同相异期"现象是不同级次形成连续地震反射同相轴的最好例证。不整合面，尤其是角度不整合的顶面，虽然没有连续的地震反射特征，却是等时地层界面的一部分，也可以作为根据地震剖面相特征进行等时界面识别和描述的标志之一。

二、六级界面等时性分析

　　在七级界面的控制之下，对六级界面（相当于砂层组）的等时性进行判断。主要方法有：① 根据地震剖面相特征；② 根据地震反射同相轴随频率的变化情况；③ 利用地质年代转换方法。这几种方法在实现的过程中各有利弊，在实际应用中要根据具体需要进行选择。

1. 根据地震剖面相特征分析地层等时性

　　在标准层确定的前提下，可以根据内部小层的地震剖面相特征来进一步明确等时性特征。在井震标定地层格架的基础上，主要根据地震边界类型、地震相特征、砂体叠置关系、地震反射同相轴特征等进行界面等时性的判定。在地震边界类型中，不同时期内不同沉积环境形成的地层界面反映时间的先后顺序，根据其地震相特征可对地层界面进行等时性判定；砂体叠置关系相反的分界面可反映小层形成的先后性，也可作为等时界面；根据地震反射同相轴尖灭、分叉等特征，也可进行等时性判定。

　　以中央隆起带西侧为例，研究区位于陆相断陷湖盆缓坡带，存在断层切割作用，平行岸线分布位置地层厚度变化不大，但存在地震小层由薄层变为波谷的情况；垂直岸线分布位置地层厚度有变化，存在地震反射同相轴分叉和凸起的情况。因此，在对地震等时小层进行对比和追踪的过程中，要根据地震剖面相特征对各小层进一步进行分析和细化。

在平行古岸线的地震剖面中,会出现地震反射同相轴由波峰到波谷再到波峰的情况(图 2-4a)。如果沿着波峰进行追踪,不仅会出现"串轴"的情况,产生不等时界面,还会影响相邻层位的对比和追踪。沿古岸线分布的地层厚度变化不大,根据同相轴追踪的"平行等时对比原理",沿着波峰追踪到波谷再渐变到波峰的地震反射同相轴,才为等时地层界面。

在垂直古岸线的地震剖面中,存在地震同相轴分叉和地层凸起的情况(图 2-4b)。在地层分叉的位置,要根据地层的特点确定沿哪一个同相轴追踪,由于研究区地势平缓,因此沿着平行于地层的同相轴进行追踪更具有等时性。在地层凸起的位置,上覆地层均弯曲成弧状,如果依然沿着平行于地层的方向进行追踪,则容易导致地震同相轴穿时,因此沿凸起顶部的地震反射同相轴进行追踪更具有等时性。

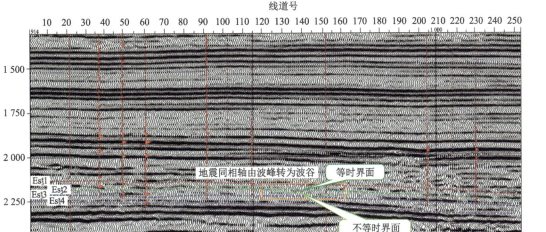

（a）平行古岸线方向等时地层界面

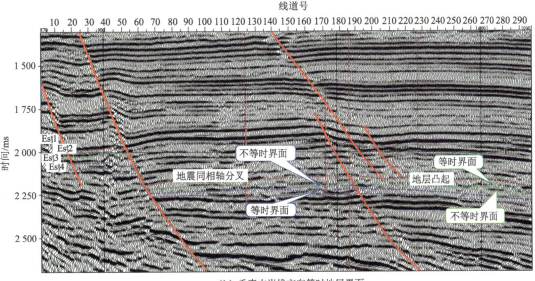

（b）垂直古岸线方向等时地层界面

图 2-4　等时地震界面特征

由于地震剖面相特征是地层沉积特征地震响应的综合反映,因此可在地质规律的指导下用于地层格架等时性的判定。

2. 利用分频方法分析地层等时性

地震资料的频率成分控制了地震反射同相轴的倾角和内部反射结构。低频资料中反射同相轴更多地反映岩性界面信息,而高频资料中反射同相轴更多地反映等时沉积界面信息。只有在不同频率成分下表现一致的地震反射同相轴才是等时的。以中央隆起带西侧的沙三中亚段为例,对分频解释的方法进行分析。

分频解释结果有调谐体和离散频率能量体两种。调谐体纵向为变化的频率,横向为单一频率对应的振幅;离散频率能量体纵向为变化的时间,整个数据体为单一频率。由于等时地层指的是不同频率成分下,地震反射剖面变化较小且反射特征一致的地震反射同相轴所代表的地层,所以这里选择的是离散频率能量体。

通过对地震资料进行频谱扫描,有效频带范围在 5～60 Hz 之间,在此基础上进行分频解释。为节省空间及减少计算工作量,分频解释采取"频率依次逼近"的方式,即先以 5 Hz 的步长对地震资料进行分频解释,得到不同固定频率的等频体,然后在固定频率范围之内以 1 Hz 的步长进行细化。

对等频地震剖面进行初步筛选,然后在 45～50 Hz 之间以 1 Hz 的步长再次进行分频解释,由此得到不同频率下特征一致且地震反射变化不大的界面,即为等时地层界面。由 46 Hz 和 49 Hz 分频地震剖面(图 2-5)可以看出,Es_3^z1,Es_3^z2,Es_3^z3 和 Es_3^z4 砂层组顶面的地震反射特征一致,为等时地层界面。

3. 利用地质年代转换方法分析地层等时性

地质年代转换方法的基础是 wheeler 转换。wheeler 转换技术的方法原理及实现过程已在等时界面识别和沉积体级次划分部分详细介绍,这里主要针对如何利用地质年代转换方法判断地层格架的等时性进行说明。将地震数据通过 wheeler 转换技术变换到地质年代域,对每个小层按照沉积时间的顺序重新进行排序,在沉积间断和剥蚀作用存在的地区,原来在时间域中表现为连续的地层接触关系变得不连续。

以东营凹陷中央隆起带西侧的 H146 区块为研究对象,对地震反射界面等时性进行判断。研究区目的层在沙三中亚段(Es_3^z),其上部与 T4 标准层相邻,下部为 T6 标准层。以 T4 和 T6 为界限,圈定研究目标,对目的层位进行地层等时性判断。通过 wheeler 转换技术将地震资料转换到地质年代域,根据数据的旋回性进行地层格架等时性判断,沉积旋回的顶界面即为砂层组顶面。由图 2-6 可知,Es_3^z1 砂层组、Es_3^z2 砂层组、Es_3^z3 砂层组和 Es_3^z4 砂层组的顶面与沉积旋回的顶部界限一致,由此判断这 4 个砂层组顶面均具有等时性。

需要注意的是,wheeler 转换技术需要以相对地质时间为标尺,依照双域时深关系不变原理实现 wheeler 域井震标定及层位转换。

线道号

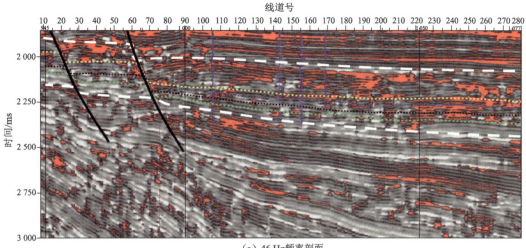

（a）46 Hz频率剖面

线道号

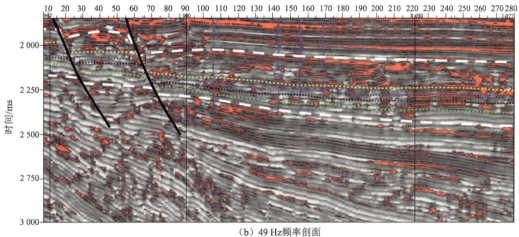

（b）49 Hz频率剖面

图 2-5　不同频率的分频剖面

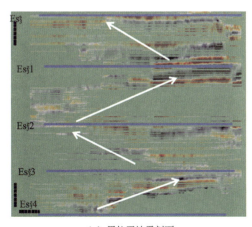

（a）层拉平地震剖面

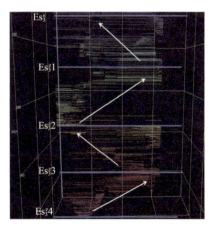

（b）地质年代域地震剖面

图 2-6　层拉平地震剖面与地质年代域地震剖面

三、五级界面等时性分析

五级界面等时性判断与级次划分为同一过程。浊积扇体的形成属于事件性沉积,其顶底界面的形成具有瞬时性,因此同一期次扇体的顶底界面即为沉积等时面。根据地质分层,小层一般比较薄,地震剖面特征不明显,难以进行对比和追踪。因此,对小层界面的等时性判断只能从实现方式上进行分析,近似达到对最小等时界面进行识别和描述的目的。对小层界面进行等时性判断的方法主要有地质年代转换方法和地层属性切片方法两种,下面分别以实例进行分析和说明。

1. 利用地质年代转换方法分析五级界面等时性

扇体级次划分的过程实际上也是地层划分与对比的过程,主要是基于沉积体垂向上的旋回性和多级次性。沉积类型不同、研究区特点不同,浊积扇体级次划分和对比的方法也不一致。即使是针对同一沉积类型,扇体级次尺度的定义不同、级次划分的资料基础和方法不同,其结果也各不相同。下面采用的是"在级次界限控制下,逐步细化进行小尺度级次划分"的方法。

以测井、岩芯资料为主,参考开发、地震等资料进行浊积扇体级次划分,主要通过地层精细划分与对比建立等时地层格架,通过各级别的成因界面将扇体划分为不同级次,结合旋回结构、岩相类型等分析扇体内部结构,最终在对扇体控制因素进行分析的基础上建立浊积扇相模式。测井、岩芯等资料分辨率较高,由此可得到小尺度浊积扇体级次划分结果,不足之处是受井网密度限制,难以实现扇体形状和边界的精确识别与描述。

以 Es_3^z1、Es_3^z2 和 Es_3^z3 砂层组底面为界限(图 2-7),在地质年代域对浊积扇体进行级次划分,空白区域为无数据区域或数据缺失区域。在 Es_3^z3 沉积时期,大旋回主要向湖盆中心推移,局部小旋回级次分为 7 个,呈来回动荡趋势;在 Es_3^z2 沉积时期,局部小旋回级次分为 6 个,靠近湖盆中心的一侧来回动荡,顶部垂向加积,整体以向湖盆边缘推动的趋势为主。在级次划分的过程中,每个级次划分的顶底界面即为最小等时界面。

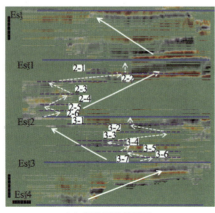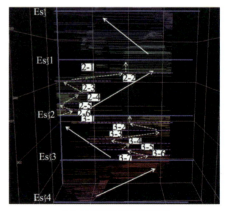

（a）层拉平地震剖面　　　　　　　　（b）地质年代域地震剖面

图 2-7　浊积扇体级次划分

由于级次划分结果与测井地质分层中的小层近似一致，在此将二者进行比对：在 Es_3^z2 沉积时期，级次划分结果与小层数目一致，均为 6 个；在 Es_3^z3 沉积时期，级次划分结果为 7 个，小层划分结果为 9 个，级次划分数目小于小层划分数目。由此得知，即使将地震数据转换到地质年代域，级次划分结果也达不到测井地质分层中小层划分的精度。

根据测井地质分层小层划分结果，研究区 Es_3^z2 分为 6 个小层、Es_3^z3 分为 9 个小层。每个小层都有浊积扇体发育。通过测井相、沉积微相等的数据统计，在 H146 井点，并非每个小层都有浊积扇体发育（表 2-1）。

表 2-1　不同级次浊积扇体分布规律

编号	位置	小层	变化规律	特点
1	C41，C404 井间	$Es_3 2\text{-}1$ 至 $Es_3 2\text{-}6^3$	$Es_3 2\text{-}1$ 至 $Es_3 2\text{-}3^2$，扇体的展布规模增大，厚度增加；$Es_3 2\text{-}4^2$ 至 $Es_3 2\text{-}4^3$，发育规模减小；$Es_3 2\text{-}5^1$ 至 $Es_3 2\text{-}6^3$，扇体局部发育	扇体展布范围宽且大，呈"宽扇形"，较小位置呈"扇形"
2	C25，C409 井间	$Es_3 2\text{-}1$ 至 $Es_3 2\text{-}5^1$	$Es_3 2\text{-}1$ 至 $Es_3 2\text{-}2^1$，扇体的发育规模较小；$Es_3 2\text{-}3^1$ 至 $Es_3 2\text{-}4^1$，扇体发育规模变大；$Es_3 2\text{-}4^2$ 到 $Es_3 2\text{-}5^1$，扇体规模变小，直至消失	扇体初为"拇指状"，后变为"掌形"，最终变为"扇形"直至消失
3	C44 井附近	$Es_3 2\text{-}1$ 至 $Es_3 2\text{-}3$	$Es_3 2\text{-}1$ 至 $Es_3 2\text{-}3^1$，扇体规模较大，范围变化不大；$Es_3 2\text{-}3^2$ 至 $Es_3 2\text{-}4^2$ 扇体规模减小，范围变化不大；$Es_3 2\text{-}4^3$，扇体规模变小直至消失	扇体在断层下降盘"贝壳状"分布，且较为集中
4	C40 井区附近	$Es_3 2\text{-}1$ 至 $Es_3 2\text{-}6^3$	$Es_3 2\text{-}2^1$ 至 $Es_3 2\text{-}4^2$，扇体发育规模较小；$Es_3 2\text{-}4^3$ 至 $Es_3 2\text{-}6^3$，扇体发育范围变大，分布较为集中	扇体"半椭圆状"分布于同沉积断层下降盘
5	C443，C445 井间	$Es_3 2\text{-}5^1$ 至 $Es_3 2\text{-}6^3$	$Es_3 2\text{-}5^1$，扇体 9 消失，残余部分形成新扇体；$Es_3 2\text{-}5^2$ 至 $Es_3 2\text{-}6^3$，扇体位于断层下降盘	扇体"宽扇形"分布于断层下降盘，后变为"扇形"
6	C43 井区左侧	$Es_3 2\text{-}2^2$ 至 $Es_3 2\text{-}6^3$	$Es_3 2\text{-}2^2$ 至 $Es_3 2\text{-}3^1$，扇体范围较小，分布集中；$Es_3 2\text{-}3^2$ 至 $Es_3 2\text{-}4^3$，扇体范围变大，分布发散；$Es_3 2\text{-}5^1$ 至 $Es_3 2\text{-}6^3$，范围变化不大，分布更发散	扇体北西—南东向延伸，"指状"分布
7	C402，C21 井区	$Es_3 2\text{-}2^1$ 至 $Es_3 2\text{-}5^3$	$Es_3 2\text{-}1$ 至 $Es_3 2\text{-}2^1$，为孤立扇体；$Es_3 2\text{-}2^2$ 变为 2 扇；$Es_3 2\text{-}2^2$ 至 $Es_3 2\text{-}4^3$，扇体规模变大；$Es_3 2\text{-}4^3$ 至 $Es_3 2\text{-}5^3$，扇体减小至消失	扇体北东—南西向延伸，初为扇形，后期呈"指状"分布
8	C8 井区附近	$Es_3 2\text{-}1$ 至 $Es_3 2\text{-}4^3$	$Es_3 2\text{-}1$ 至 $Es_3 2\text{-}2^1$，扇体 8 规模偏大；$Es_3 2\text{-}2^2$ 分为扇体 8 和扇体 9；$Es_3 2\text{-}3^1$ 至 $Es_3 2\text{-}4^1$，扇体发育规模较大；$Es_3 2\text{-}4^2$ 至 $Es_3 2\text{-}4^3$，扇体减小至消失	扇体北东—南西向延伸，"曲指状"分布，扇形不规则
9	C443 井附近	$Es_3 2\text{-}2^2$ 至 $Es_3 2\text{-}4^3$	自扇体 8 分化得出；$Es_3 2\text{-}2^2$ 至 $Es_3 2\text{-}4^1$，扇体规模较大；$Es_3 2\text{-}4^2$ 至 $Es_3 2\text{-}4^3$，扇体规模减小至消失	扇体北西—南东向延伸，"指状"分布，扇形不规则
10	C42 井区北侧	$Es_3 2\text{-}1$ 至 $Es_3 2\text{-}3^1$	$Es_3 2\text{-}1$ 至 $Es_3 2\text{-}3^1$，浊积扇体逐渐减小直至消失；$Es_3 2\text{-}1$ 至 $Es_3 2\text{-}2^2$，是浊积扇体发育的主力层系	扇形不规则，近南北向范围较大，东西向延展范围略小

通过将地震数据转换到地质年代域,可以快速实现浊积扇体级次划分。通过地震剖面与地质年代域剖面的对应关系,逐一实现不同级次浊积扇体的识别和划分。因此,地震剖面的选择尤为重要,即尽量选择过井地震剖面,这样就可以在测井级次划分和地震相特征的共同约束之下,通过 wheeler 转换技术准确实现级次划分。这也是上述方法的优点。

利用 wheeler 转换技术进行沉积级次划分的优点除快速、准确外,还能够有效地与地震数据相结合。在地质年代域,将沉积级次划分的结果投影到地震剖面上,与地层属性切片有效结合,可达到对不同级次浊积扇体进行描述和刻画的目的。

在实际应用的过程中,上述方法也存在一定局限性。在倾角扫描数据体和等时层位追踪数据体的基础上,通过单一地震剖面实现级次划分,这需要选择多条地震剖面。尤其是在陆相断陷湖盆中,地层变化较大,多条地震剖面的选择势必增加工作量,这也是该方法除受断层影响这一不利因素外的另一不足之处。

2. 利用地层属性切片方法分析五级界面等时性

在研究区断层干扰严重的前提下,利用 wheeler 转换技术进行级次划分,其倾角扫描和等时小层层位追踪的结果受断层影响,因此上述方法并不适用。

采用控制层位内进行地层切片的方法,对不同级次的浊积扇体近似进行识别和划分。对小层进行适度加密,既能精确反映出沉积级次的纵向变化特征,又能细致揭示沉积体系的横向变化规律。$Es_3 2$ 砂层组包含 6 个小层,以 $Es_3 1$ 和 $Es_3 2$ 为顶底控制层位,根据层位间小层的数量,选择切片数为 12,加上顶底控制层位,通过 14 张地层切片(图 2-8)来观察不同级次浊积扇体的变化规律(表 2-1)。

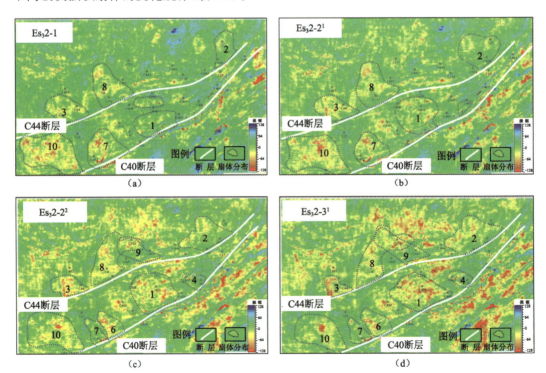

图 2-8 滑塌浊积扇体展布特征(据典型振幅属性切片解释)

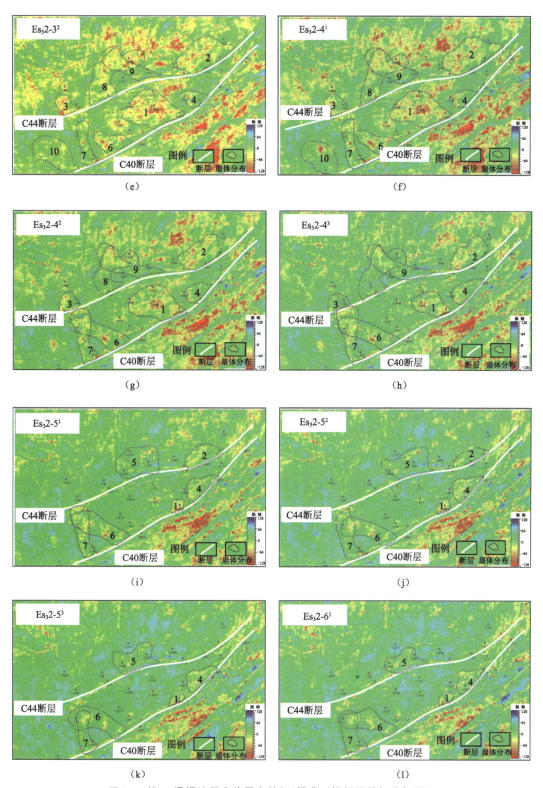

图 2-8 (续)　滑塌浊积扇体展布特征 (据典型振幅属性切片解释)

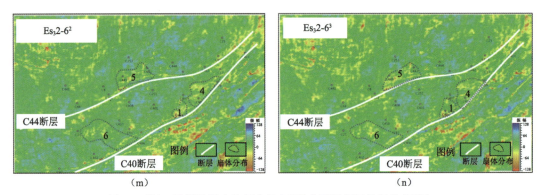

图 2-8(续) 滑塌浊积扇体展布特征(据典型振幅属性切片解释)

滑塌浊积扇体属于事件性沉积,其顶底界面在形成的过程中具有一定的瞬时性,适用于利用地层切片技术对浊积扇体进行级次划分。地层切片技术应用的关键因素是切片数量的确定。地层切片的数量与薄层识别之间虽然没有确定的相关关系,但是在等时地层格架内选取一定数量的切片,可以直观显示沉积体的变化规律。可以将井点反映的扇体演化规律与切片反映的不同时期扇体演化规律进行比较,从而分析得到的切片是否是等时的。

根据地震资料,只能大概分辨出不同扇体的级次,且可识别出的扇体有些为多期扇体的复合。因此,在对不同级次扇体进行识别和描述的过程中,除需要地球物理方法的改进外,提高地震资料的精度(即对地震资料处理方法进一步的改善和提高)也是非常重要的一个方面。

第三节 等时地层识别解释实例

一、研究区地质概况

研究区位于北部湾盆地涠西南凹陷 2 号断裂带,地理位置上该油田位于北部湾海域,水深约 40 m,海域最大潮差达 5.0 m,是一个受近东西向断裂控制的背斜油气藏。油田内被两条北西—南东走向的系列断层分为东块、中块和西块 3 个部分。

北部湾盆地是在前古近系基岩基础上发育起来的古近系、新近系沉积盆地,相继经历了张裂、断陷和拗陷三大发育阶段。张裂阶段为古新世基底断裂复活,产生裂谷型地堑,充填沉积了长流组。断陷阶段为自始新世至渐新世,盆地南北边界断裂发生断陷,致使北部坳陷中形成"北断南超",而南部坳陷中形成"南断北超"的单箕状断陷。始新世沉降速度大于沉积速度,湖盆扩大,沉积了以中深湖相为主的流沙港组;而渐新世,虽水体范围仍在扩大,但湖水变浅,沉积了以冲积平原相和滨浅湖相为主的涠洲组。拗陷阶段为自早中新世以来,盆地因热沉降导致大规模海侵,沉积了一套以滨浅海及浅海相为主的砂泥岩地层。古近系、新近系形成了明显的"双重结构"。该油田的角尾组发育于北部湾盆地拗陷阶段,在整体海侵的背景下沉积了一套滨浅海沉积地层(表 2-2)。

表 2-2　北部湾盆地涠西南凹陷地层简表(据中海油湛江分公司,2009)

地 层				地层代号	厚度/m	岩性岩相简述
系	统	组	段			
第四系	更新统			Qp	301～440	上部为滨海相砂砾岩;下部为浅海相泥岩
新近系	上新统	望楼港组		N₂w		
	中新统	灯楼角组		N₁d	140～440	砂砾岩为主,滨浅海相沉积
		角尾组	角一段	N₁j₁	370～540	上部大套泥岩,为良好区域盖层;下部的滨海相砂层是本区好的产层
			角二段	N₁j₂		
		下洋组	下一段	N₁x₁	130～370	大套砂岩为主,局部夹中层泥岩
			下二段	N₁x₂		
古近系	渐新统	涠洲组	涠一段	E₃w₁	100～1 540	杂色泥岩与灰色砂砾岩互层,浅湖相沉积
			涠二段	E₃w₂		泥岩为良好区域盖层;下部为滨浅湖沉积;上部为中深湖沉积
			涠三段	E₃w₃		中一细砂岩与泥岩不等厚互层,三角洲一滨浅湖沉积
	始新统	流沙港组	流一段	E₂l₁	79～550	上部为大套泥页岩;下部发育扇三角洲砂体,滨浅湖相沉积
			流二段	E₂l₂	205～750	大套泥页岩,本区主要生油层;凹陷局部发育三角洲可作储层;底部油页岩是区域标志层
			流三段	E₂l₃	100～430	上部厚层泥页岩夹薄层砂岩;下部砂层发育,是良好的储层
	古新统	长流组		E₁c	100～540	大套洪积泥质砂砾岩,可作盖层;底部砂岩可作储层
前古近系						石炭系灰岩、海西期花岗岩、志留一泥盆系浅变质砂泥岩

下中新统下洋组:钻厚 130～370 m。分为两段,每段呈正旋回,岩性主要为浅灰色砂岩、砂砾岩和泥岩。由于沉积原因,在涠西南凹陷中绝大多数井缺失了下二段下部的粗碎屑沉积地层。第四系到下洋组为一套盆地拗陷期的滨浅海相沉积,第四系与下伏的古近系陆相沉积地层呈区域性角度不整合。渐新统涠洲组主要为以杂色、棕红色为主的泥岩与浅灰色细砂岩不等厚互层,中部及底部出现灰色泥岩。研究区以冲积平原相为主,局部滨湖相,并发生多期短暂海侵,由于受晚渐新世末期南海运动的影响,绝大多数地区在不整合面之下仅有下部地层。始新统流沙港组上部为一套正旋回沉积、滨浅湖相沉积,中部为一大套巨厚的深灰、褐灰色泥页岩,中深湖相,是盆地主要的生油层系,下部发育浅灰色砂岩、砂砾岩及灰色泥岩,底部可见棕红色泥岩。古新统长流组发育棕红色砂砾岩及棕红色砂质泥岩,为坡积一洪积相沉积。

二、等时地层划分方案的建立

根据研究区沉积特点,确定出 3 套稳定发育的标准层,与角尾组的三级层序相对应,在此基础上,依据研究区齐全、高品质的钻井、地震、测井资料,应用陆相高分辨率层序地层学理论,按照"标准(志)层约束,沉积旋回控制,逐级划分对比"的原则,运用时频分析、分频解释等技术方法,结合高分辨率地震剖面上地震波组反射特征,井震结合,识别不同级别的沉积界面并进行全区闭合解释,建立研究区内角尾组等时地层格架。

根据前人的研究成果以及区域海平面的变化、沉积环境的变化,在长期旋回的控制下,将角尾组划分为 2 个三级层序,与段相对应,同时也是研究区的地层格架的标准层;在中期沉积旋回的控制下,以标准层为约束,结合井点沉积序列特征,运用时频分析技术,井震结合,将三级层序进一步分为 4 个四级层序,与油组相对应。根据短期沉积旋回及岩石组合特征,并运用分频解释技术与地层切片技术,最终将 4 个四级层序划分为 8 个五级层序,与小层相对应(表 2-3)。

表 2-3 研究区角尾组地层划分方案

地层单元			层 序		
段	油 组	小 层	五 级	四 级	三 级
角尾组一段 (N_1j_1)	N_1j_1I	N_1j_1I -1	1	1	1
		N_1j_1I -2	2		
	N_1j_1II	N_1j_1II -1	3	2	
		N_1j_1II -2	4		
角尾组二段 (N_1j_2)	N_1j_2I	N_1j_2I -1	5	3	2
		N_1j_2I -2	6		
	N_1j_2II	N_1j_2II -1	7	4	
		N_1j_2II -2	8		

三、等时地层界面的井震标定

井震标定是地震与地质的纽带。针对研究区有声波时差曲线的 5 口井,制作合成记录,将地质分层与地震同相轴相互标定,进行等时地层的划分。研究区地震资料为高精度正极性的三维地震资料,主频为 45 Hz。首先选择 45 Hz 主频的雷克子波进行初步标定,然后提取井旁地震道子波,优选合适的频率、波长、相位极性的子波进行井震标定。

图 2-9 所示为 WZ11-1-3 井井旁地震道提取的子波。用该子波与反射系数褶积得到合成记录,其主要波组与地震剖面匹配良好,可达到精确标定的目的(图 2-10)。在完成合成记录的基础上,将井旁地震道、解释层位、地质分层、典型测井曲线放在一起,建立井上地震与地质的联系。

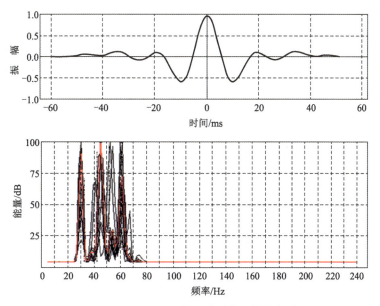

图 2-9　WZ11-1-3 井子波形状和地震频谱

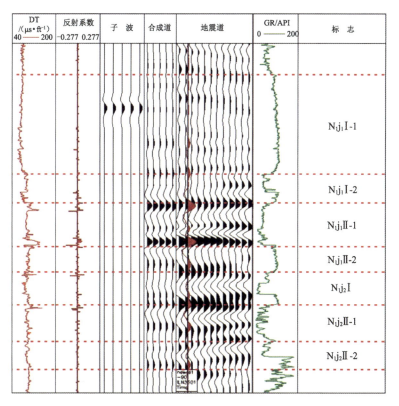

图 2-10　WZ11-1-3 井合成地震记录

(1 ft=0. 304 8 m)

四、不同级次等时地层及其地震反射特征

1. 三级层序

三级层序为由不整合和与之对应的整合界面所限定的一套相对整合的、重复出现的、在成因上有联系的地层。因此,三级层序界面往往在盆地的边部或相对隆起区表现为不整合面,向盆地中部和相对的坳陷带,三级层序界面过渡为整合接触。根据前人的研究和研究区沉积背景,角尾组的三级层序界面为 3 套区域上稳定发育的泥岩,也是研究区作为等时对比的标准层(图 2-11)。角尾组划分为 2 个三级层序,三级层序与段相对应,SQ3-2 对应角尾组二段,SQ3-1 对应角尾组一段(图 2-12)。

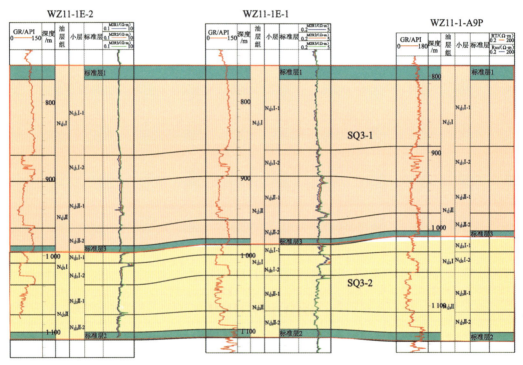

图 2-11 标准层控制近北东—南西向地层格架剖面

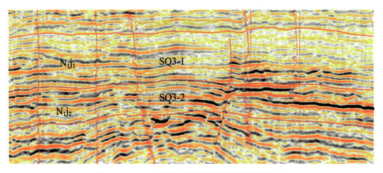

图 2-12 三级层序界面地震反射特征

角尾组整合发育在下洋组之上,角尾组底界面标定在弱的波峰上。SQ3-2 的顶界面发育一套全区稳定的泥岩,此界面是研究区一个标志性的界面,在整个盆地范围分布较广。从层位标定看,此层位标定在波谷上,反射特征表现为中强振幅,频率较低,中强连续性。SQ3-1 顶面是该盆地一个区域性的沉积界面,从连井对比图上可以看出其对应于一大套厚层泥岩的顶面,分布较为稳定,在该油田是一个很好的标志层,层位标定为波峰。整个油田范围内呈中强振幅、中高频率、中等连续性。

1）SQ3-2 层序

该层序对应角尾组二段,为滨海相沉积。层序底界面为角尾组与下洋组的分界面。下洋组沉积末期至角尾组沉积早期发生了一期短期、快速的海侵,形成一套临滨泥岩沉积,厚约 12 m。层序顶界面为角尾组一段和角尾组二段分界面,是随着海侵的扩大而沉积的一套稳定的浅海泥岩,厚约 8 m,由此角尾组结束了临滨相沉积,开始了浅海相沉积。SQ3-2 层序顶界面处岩性变化特征明显,上覆地层为一套厚层浅灰色浅海泥,下伏一套浅灰、灰绿色细砂岩。

A. 测井响应特征及岩性组合特征

层序底界面以下为一套厚约 12 m 的泥岩,电性特征为 GR 高值,AC 和 CNC 值中等,DEN 值较高。界面以上为临滨砂岩,电性特征为低 GR,声波值较高,密度、中子值偏低。由于该套地层纯度较低,故测井曲线存在动荡,但依旧可在全区范围内追踪对比。

该层序顶界面处测井响应特征变化明显,上覆地层为一套厚约 8 m 的临滨泥岩沉积,颜色以浅灰色、灰色、灰绿色为主,具水平层理。GR,AC,CNC 和 DEN 均表现为高值。下伏地层为一套以泥质粉砂岩、粉细砂岩为主的浅滩砂岩,电特征曲线为低 GR,声波值高,密度值低,中子值中等偏小。

层序内部自然伽马曲线整体表现为高幅齿形,粒度自下而上由粗变细,电阻率曲线为中高幅差,密度和中子密度曲线数值波动较大,以低值为主,声波值高(图 2-13),整体表现为一个海进的过程。

B. 地震响应特征

由层序底界面向上,沉积环境由潮坪进入临滨沉积环境,地震反射形成一个较弱的正反射轴,连续性较弱,但仍可以进行全区追踪。层序内地震同相轴的振幅为中强振幅,中等连续性,平行-亚平行反射。层序的顶界面为海侵界面,沉积环境由潮坪环境进入临滨环境,层序界面以下为临滨砂岩,以上是浅海泥岩,上部泥岩的波阻抗大于下部砂岩,波阻抗差异较大,在地震剖面上形成一个中强的负反射面,横向连续性较好,易于追踪对比,是研究区内层位对比解释的标志层。

2）SQ3-1 层序

该层序对应角尾组一段,此时随着热沉降导致的海侵继续扩大,隆起区没入水下,区域上发育浅海沉积,沉积物主要是浅海泥岩。这套泥岩分布范围较广,厚约 19 m,是该地层划分对比的标准层。

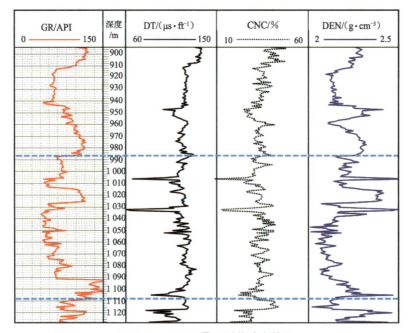

图 2-13 SQ3-2 界面测井响应特征

A. 测井响应特征及岩性组合特征

层序顶界面测井曲线响应特征明显,自然伽马曲线由下部的浅海泥变为上部的砂砾岩。界面下部电性特征为 GR 高值,AC,CNC 和 DEN 普遍具有较高值,界面上部为 GR低值,密度值低,中子值中等,声波时差曲线中等偏低。层序内部下部发育浅海相细砂岩,向上转变为以沉积浅海泥为主,粒度由下向上变细,泥质含量自下向上逐渐增加(图 2-14),整体为一个海进的过程。自然伽马曲线整体为漏斗形,自下而上由低值变为高值,声波时差、密度和中子值自下向上逐渐增大。

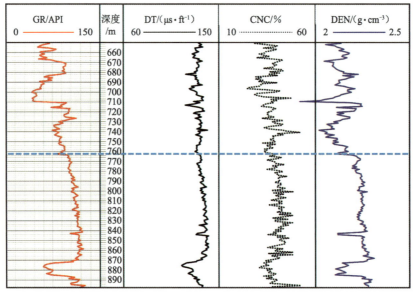

图 2-14 SQ3-1 界面测井响应特征

B. 地震响应特征

该层序顶界面是角尾组顶部泥岩和灯楼角组砂岩形成的一个反射界面,在地震剖面上对应一个强度较弱的波峰,连续性较好,研究区边缘连续性较差,全区可追踪对比。层序内上部地层的地震波整体为中弱振幅,连续性一般,平行-亚平行反射。下部的地层为中强振幅,中强连续性,亚平行反射。

2. 四级层序

四级层序是高精度等时地层格架中的关键地层单位。四级层序的界面可以是四级沉积基准面旋回中的水进界面或水退界面。

根据钻测井资料,在中期旋回的控制下,运用时频分析技术,将三级层序内更高精度的各级层序均以相对容易追踪的水退界面为四级层序界面,井震结合,将角尾组划分为 4 个四级层序,与油层组相对应。

等时地层格架的建立取决于地震剖面等时沉积界面的拾取精度。地震同相轴并不总是等时界面的反映,其反射特征受地震频率的影响。高频地震剖面中同相轴一般代表的是等时沉积界面,低频地震剖面中同相轴一般反映的是岩性界面。图 2-15 所示为高频地震剖面,在此剖面上追踪地震同相轴更具有等时性。

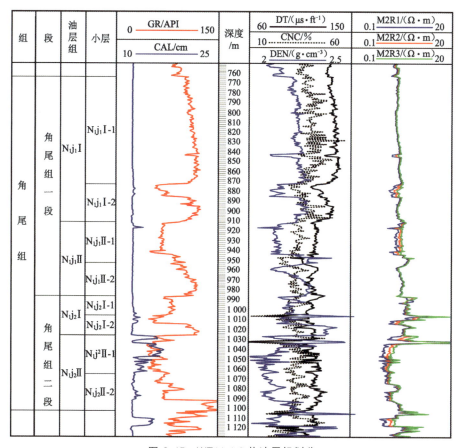

图 2-15 WZ11-1-3 井油层组划分

　　地震资料中频率的连续变化能反映丰富的地质现象。时频旋回和地层岩性旋回有一定的对应关系。纵向上岩性粗细的变化可引起频率的相应改变,利用时频分析对地震数据体进行频率扫描可识别由大到小的各级层序体,进行地层层序的解释,划分沉积旋回,推测水体的变化和沉积环境的变化特征。地震沉积学研究中通常采用短时傅里叶变换和小波变换进行时频分析,这里主要运用的是 S 变换。S 变换是一种非平稳信号分析处理方法,具有较好的时频特性。它既具有傅里叶变换较好反映局部特征的性质,又具有小波变换的优点,分辨能力可以随频率(尺度)调节,所以其时频分辨率比傅里叶变换和小波变换要高。图 2-16 所示为 WE1 井井旁地震道的地震时频分析,时频谱上每个三级层序内呈现一个完整的上升半旋回和下降半旋回的组合,与井上划分的旋回相一致。

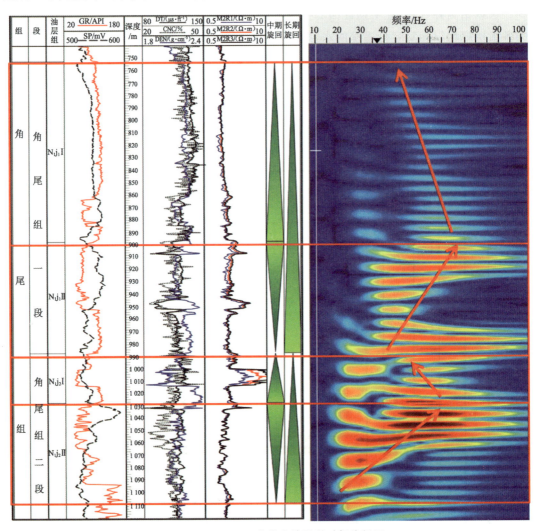

图 2-16　WZ11-1E-1 井井旁地震道时频分析图

1)SQ4-4 层序

该层序由角尾组二段下部地层组成,与 N_1j_2Ⅱ油组对应,为上临滨沉积。层序顶界面是角尾组二段一油组和二油组的分界面,该层序末期发生海侵,基准面上升,水体变深,界面处发生岩性突变,顶界面以上稳定沉积一套下临滨泥岩。

A. 测井响应特征及岩性组合特征

该层序界面测井响应特征明显不同,下伏地层为细砂岩,上覆为泥岩沉积。层序内部岩性主要为碳酸盐胶结的细—中砂岩,受中期旋回控制,砂岩粒度由下向上变粗,自然伽马值由下向上变小,泥质含量也由下向上减小,层序内部呈现下降半旋回,整体表现为一个小规模海退过程。电阻率为中低幅差,中子值由下向上变小再变大,密度幅差较小,中子密度曲线整体为微齿平直状(图 2-16)。

B. 地震响应特征

该层序界面是角尾组二段两个油组的分界面,此界面以上为 $N_1j_2 I$ 油组的下临滨泥岩,以下为 $N_1j_2 II$ 油组的上临滨砂岩。由于上部泥岩和下部砂岩厚度都大且波阻抗差异较为明显,在反射界面上形成一个较强的正反射振幅(图 2-17)。该反射界面连续性好,易于追踪对比,层序内部地震反射能量较高,为中强振幅,局部强振幅,中等连续性。

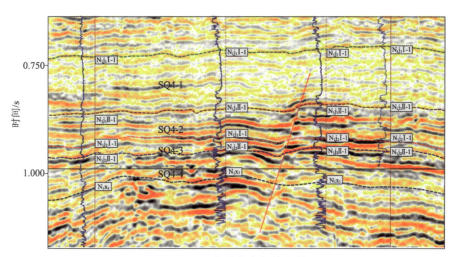

图 2-17 四级层序连井高频地震剖面图

2)SQ4-3 层序

该层序对应的是 $N_1j_2 I$ 油组的地层,角尾组二段沉积末期发生海退,顶界面特征明显,层序顶界面上覆地层沉积浅海泥岩,下伏地层沉积粉砂岩、细砂岩。

A. 测井响应特征及岩性组合特征

层序内部为含泥质胶结或钙质胶结的细砂岩,底部为细砾岩或含砾粗砂岩,上部为中细砂岩。层序内自然伽马曲线整体为钟形,下部值低,上部值高。层序内部为一个上升半旋回,整体表现为一个海进的过程。

B. 地震响应特征

层序顶界面为上覆泥岩和下伏砂岩地层形成的界面,界面上覆泥岩的波阻抗大于砂岩,形成一中强振幅的波谷反射,层序内下部振幅较强,连续性较好,上部地层振幅中强,中等连续性。

3）SQ 4-2 层序

该层序与 N_1j_1 II 油组相对应，在层序底界面，角尾组结束临滨沉积，进入浅海沉积。顶界面是角尾组一段 II 油组与 I 油组的分界面，顶界面处岩性变化明显，以上为浅海泥岩，以下为浅海砂岩。

A. 测井响应特征及岩性组合特征

层序顶界面处自然伽马曲线显示上覆地层高值，下伏地层低值，显示下伏地层为砂岩，上覆地层为泥岩。声波时差、中子密度曲线在界面处呈现明显的阶梯状，由低值变成高值。层序内部自然伽马曲线呈漏斗形，自下而上由高值变为低值，声波时差、密度中子显示中等幅差，电阻率曲线为平直状。层序内部岩性为下部灰色浅海泥岩，上部浅灰色细砂岩。泥质含量由下向上减小，层序内部对应的中期旋回为一个下降半旋回，整体为海退的过程。

B. 地震响应特征

进入角尾组一段，开始滨外相沉积，层序界面之上覆盖的泥岩波阻抗小于界面之下的砂岩波阻抗，因此界面处地震反射特征为波峰，中强振幅，连续性较好，易于追踪对比。层序内部浅海沉积地震反射波组振幅较弱，连续性较好。

4）SQ 4-1 层序

该层序与 N_1j_1 I 油组对应，为浅海沉积，顶界面是角尾组与灯楼角组的分界面。该层序末期发生海退，由角尾组的浅海泥变为灯楼角组的砂岩沉积。界面特征明显，上部为砂岩，下部为泥岩。

A. 测井响应特征及岩性组合特征

该层序顶界面以下地层自然伽马为高值，密度为高值，以上地层自然伽马呈现低值，密度为低值，声波时差、中子、电阻率曲线为平直状。层序内部为灰、浅灰色泥岩，粉砂质泥岩夹浅灰色细砂岩、粉砂岩、粗砂岩，泥质含量由下向上增加，粒度也由下向上变细。层序内自然伽马曲线呈现钟形，下部自然伽马低值，中子密度和声波时差都为低值，上部自然伽马呈现高值，中子密度、声波时差呈现高值。层序内部受控的中期旋回为一个上升半旋回，显示为海进过程。

B. 地震响应特征

层序顶界面上覆为波阻抗值较小的细砂岩，下部为波阻抗值较大的泥岩，形成波峰反射。地震反射特征为振幅较弱，连续性好。层序内部整体为中弱的振幅反射，横向连续性好。

3. 五级层序

研究区地震资料品质高，测井资料齐全。研究中综合利用地震剖面良好的横向可追踪性以及测井资料优质的纵向高分辨性，以短期基准面旋回以及井震结合的方法对全区进行砂层组划分与对比。运用分频解释技术和地层切片生成层位技术，井震结合，将角尾组进一步分为 8 个五级层序，与小层相对应。五级层序是研究中的最小等时研究单元。

最小等时研究单元的确定是开展地震沉积学研究的基础和前提。最小等时研究单元是指在地震剖面上定义出的井震统一的研究单元,纵向上要求体系域边界地震层位、层序级别及测井旋回与地质分层具有清晰的对应关系,横向上体现为单个研究单元是具有等时意义的地震反射分析单元。

自下而上的 7 个五级层序受控于短期旋回的控制,内部全部呈现下降半旋回,粒度自下而上由粗变细,砂泥比自下而上增大,自然伽马曲线呈钟形,反映了局部海退。最顶部的 1 个五级层序主要是浅海泥沉积,厚度大,分布稳定,粒度自下而上变细,自然伽马曲线呈漏斗形,为一个上升半旋回,反映了一次大规模的海侵。

运用分频解释技术在地震剖面上识别五级层序界面。分频解释技术的理论基础是地震资料的频率成分控制地震反射同相轴的倾角和内部反射结构,即某一地震反射同相轴在高、低频地震数据体上均表现为反射位置相当且产状一致,该同相轴为相对沉积等时面,可作为地震层序相对等时边界进行追踪解释。据地震沉积学原理,高频地震资料反射同相轴更具有等时意义,在对低级层序划分时需先对地震资料进行分频处理,得到不同频率的地震剖面,运用高频地震剖面与测井高频信息对应较好的特点,对低级层序界面进行划分。所以在解释最小等时单元边界时,分频剖面是一个重要的参考依据。

小波变换是分频技术中的一种,选用 Marr 小波模拟不同频率的 Ricker 子波对地震信号进行分频处理,从多手段结果的对比效果来看,其处理的结果信号具有明显的物理意义。研究区目的层的主频在 $20 \sim 40$ Hz 之间,研究中选择 50 Hz 的子波,对研究区地震资料进行处理。原始剖面上,由于断裂或沉积原因,同相轴发生扭动、形状突变及产生复合波,不利于同相轴的追踪(图 2-18a)。通过小波变换,分频后的高频剖面同相轴的等时意义强,同相轴变清晰,有利于层序的追踪解释和等时地层格架的建立(图 2-18b)。图 2-18 中,蓝色线标定的地震同相轴为 N_1j_2II 油组的顶底界面,由于分辨率和地质沉积因素,N_1j_2II 油组内部除少数中强振幅的同相轴外,大部分同相轴为亚平行、弱反射、频率低,连续性一般(图 2-18a),难以手动追踪小层的同相轴。分频技术处理后同相轴变清晰,等时意义增强,可以分辨出油组内部小层界限,如图 2-18(b)中紫色线标定的同相轴代表 N_1j_2II-1 小层和 N_1j_2II-2 小层的分界线,为五级层序界面。

N_1j_2I 油组内部由于受地震分辨率的限制,没有可以追踪的同相轴,无法分辨出油组内小层的分界线。研究中采用地层切片生成层位技术,识别出地震剖面上 N_1j_2I 油组内部的五级层序。

等时地层切片是在两个等时沉积界面间等比例内插的一系列层面,这种切片方法考虑了沉积速率和沉积体平面位置的变化,更加具有相对等时的意义,因此地层切片可作为沉积等时界面。在图 2-19 中,N_1j_2I 油组顶底之间(图 2-19 中实线)没有清晰连续的同相轴,无法手动追踪油组内的小层(即五级层序界面),因此利用地层切片技术,在 N_1j_2I 油组的顶底之间等比例内插出一系列地层切片,再通过井震标定选择出 N_1j_2I-1 和 N_1j_2I-2 两个小层的界限对应的切片,生成层位(即图 2-19 中虚线),最终将 N_1j_2I 油组的最小研究单元确定到了小层级别。

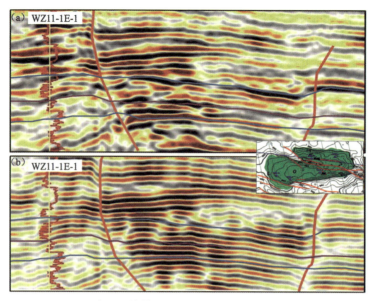

图 2-18　研究区原始地震剖面(a)和 50 Hz 分频剖面(b)对比

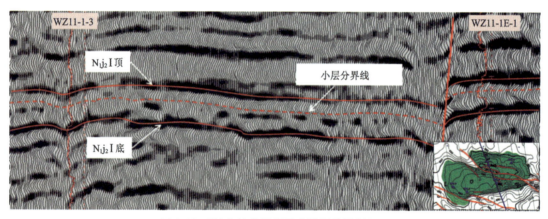

图 2-19　N_1j_2Ⅰ油组五级层序界面地震剖面图

第三章
等时地层地震构造精细解释

从地震技术应用于油气藏研究开始,地震构造解释就一直是地震地质研究中的主要工作之一。不论对于构造油气藏还是岩性油气藏,等时地层界面的空间特征都是不可缺少的油藏地质信息,更是开展沉积相研究的前提和基础。随着油气藏勘探开发的不断深入和研究的精细化,地震构造解释面临一些新的问题,比如砂体沉积形成的低幅度构造精细解释、小断层和横向沉积相变形成的地震不连续反射识别与区分、影响注水开发的低序级断层综合解释等。在建立等时地层格架和识别等时地层地震反射的基础上,本章结合实例介绍等时地层地震构造精细解释的方法和技术流程。

第一节 等时地层地震构造解释流程

一、井震标定

1. 井震标定的方法和意义

广义上来讲,井震标定指的是利用钻测井资料所反映的地质信息(如岩性、流体性质等)和地震参数(如振幅、相位等)之间的对比关系,来预测无井或少井地区的地震特征所隐含的地质意义。在构造解释过程中,井震标定特指层位标定。在井震标定过程中,常用的方法有两种:利用 VSP(垂直地震剖面)资料标定和合成记录标定。

VSP 资料是连接地震剖面和钻井资料最好也是最准确的途径,在井震标定过程中它的作用是无可替代的。在有 VSP 资料的条件下,应尽可能多地使用 VSP 资料以达到井震标定的目的。

在缺少 VSP 资料的情况下,通常利用合成地震记录来进行井震标定。主要包括的步骤为:① 利用测井资料(主要是声波和密度曲线)计算地下地层的波阻抗和反射系数序列;② 给定一个子波或者从井旁地震道提取一个子波,并与井上计算出的反射系数序列褶积,得到合成地震记录;③ 把合成记录与井旁地震道进行对比,并且不断调整,使两者的相关系数达到一个较合理的范围。这样就完成了在地震剖面上标定地质层位的过程。在合成地震记录制作过程中应注意两个方面:首先,应该对研究区地震资料进行频谱分析

（主要是针对研究层段），了解地震资料的主频和频带宽度，在选用标准子波时要使子波频率与地震频率的一致；其次，在从井旁地震道提取子波时，要注意子波的长度问题，根据经验子波的长度一般为 100～200 ms，但是地震子波在传播过程中频率和相位都会发生变化，比如随深度增加子波的频率会降低，因此若目的层埋深较浅，提取的子波长度应该短一点，反之则子波长度应相对长一点。当然，在目的层埋深较深的情况下，地震资料信噪比一般较低，因此针对目的层段难以提取到较好的子波，用这样的子波做标定相关性太差，这时可以从浅层地震资料提取一个稳定的子波应用到深部地层，得到一个较好的井震标定结果。

井震标定是连接井资料与地震资料的桥梁，是一切利用地震资料进行地质研究工作的基础。通过合理的标定，地震反射同相轴具有了明确的地质意义，在此基础上进行的一系列地震地质解释的工作成果才是可靠的。如果井震标定失真，那么利用地震资料来研究地质问题就失去了它的意义。

2. 井震标定结果的检验

测井资料和地震资料的测量采用的是完全不同的测量系统和标准，两者之间不可能达到完全一致（单从频率来讲就差了两个数量级），但两者也是紧密相连的（速度）。对于单井来说，合成地震记录道与原始地震道的相关性不能太低，否则就没有意义。

在单井标定检验的基础上，应该进行连井检验。地震资料记录的是反射波到达时间，测井资料获得的是深度域的信息，当地层沉积稳定时，时间域的地层形态和深度域的应该基本一致，两种域上的地层对应关系应该比较一致，即时间域上地层较高的部位在深度域上也应该处于高部位，由此可以检测不同的单井标定是否一致。

在井震标定完成之后就得到了井点处的时深关系，也就得到了井点处的速度。在一定范围内速度是比较稳定的，它主要受地层岩性、物性及所含流体的控制，除非存在特殊的地质现象，否则速度在横向上应该是一致或者变化很小的。可以将同一研究区内各井处的时深关系曲线做对比，如果在同一坐标系内时深关系曲线的斜率和截距基本一致，则说明井震标定结果可靠。

二、层位精细解释

在井震精细标定的基础上，选取几条重点连井剖面进行解释，建立研究区地震解释格架，并在此基础上根据地震反射同相轴的连续性，按照线和道的顺序对地震剖面进行加密解释，最终达到研究区的全三维层位闭合。

在层位解释中常用的方法是对三维地震资料按剖面进行解释，并通过底图的显示来检验层位解释的闭合与否（图 3-1 和图 3-2）。

当然在解释过程中，需要地质模式的指导和约束，即根据前期地层发育特征的认识来指导地震解释，同时地层划分对比又受地质界面在地震剖面上响应的影响，两者不断结合反馈，最终达到一致。

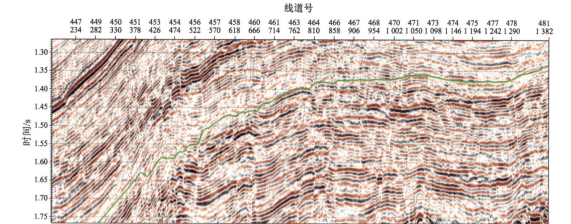

图 3-1　地震剖面层位解释

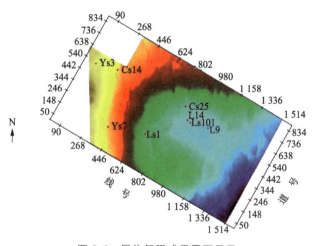

图 3-2　层位解释成果平面显示

三、断裂系统的解释

断裂系统的解释是地震构造解释的重点和难点,断层的发育特征对构造圈闭的形成有重要影响,因此断裂系统的解释对构造圈闭、油气输导体系和油气藏的分布等方面的认识有很大的影响。

目前,断层的解释方法主要是在地震剖面上根据同相轴的变化情况以及借助相干体技术、方差体技术等断层检测的技术手段进行识别。

1. 断层的剖面识别

断层在地震剖面上的表现特征主要是反射同相轴的中断、位移,横向上振幅不连续,断层两盘同相轴明显的振幅差异以及断层处的反射特征杂乱(断层破碎带)等,这些特征在地震剖面上是比较明显的(图 3-3)。

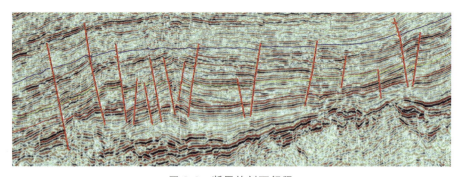

图 3-3　断层的剖面解释

2. 断层检测技术

随着计算机技术的不断发展,一些对地震数据复杂的运算已经成为可能,借助于相干体技术、振幅方差体技术、倾角检测技术等为断层的解释带来了极大的方便。

1) 相干体技术

相干体技术是对地震道之间的相关性进行分析,是对反射波的不连续性的一种表达。当地层、岩性发生变化时,在相干体上会有明显的反映,因此在识别断层,特别是一些在常规剖面上难以识别的小断层方面应用效果较好。当然,相干体也可以用来识别河道砂体。当有断层或特殊地质体存在时,相邻地震道之间的反射特征会发生变化,即相干性变化。在得到相干体之后,通常采用相干体切片的方式对断层进行解释。

利用相干体切片解释断层的方法:先对常规地震数据体进行浏览,对目的层段断层发育的部位有个大致的认识;然后针对该部位制作相干体切片,在切片上识别断层,并对每条断层进行解释、命名;最后在剖面上找到对应的位置并进行断层的剖面解释,特别要注意一些小断层的解释。在相干体切片解释过程中,可以根据断层的发育特征从浅到深选择多个切片进行解释(图 3-4)。

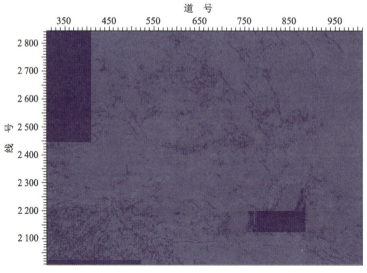

图 3-4　断层在相干体切片上的显示

2）断层三维显示技术

断层的三维显示是对剖面解释的一个补充,不仅可以对断层的空间展布有个直观的认识,比如断层的延伸范围、切割关系等,而且还可以检查断层解释合理与否,特别是断层的闭合问题等,与单纯的二维解释相比具有很大的优势,使构造解释的效率大大提高(图3-5)。

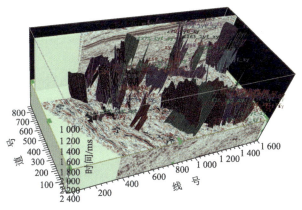

图 3-5　断层的三维可视化解释

四、时深转换及变速成图技术

由于地震资料以及地震解释结果都是时间域的,而钻井资料都是深度域的,要将两者结合分析并反映地下真实的地质特征,需要将地震解释成果转换成深度域,这里主要是指层位的时深转换。要实现时间域与深度域的转换,必须有一个速度。由于速度受岩性、物性的影响,因此它是一个三维空间变化的量。

对于面积较小、构造简单的研究区,速度的横向变化较小,可采用单井速度或者利用DIX公式求取速度对时间域的等T0构造图进行时深转换,得到深度域构造图。对于面积大、构造复杂的地区,需要利用空间变化的速度场来进行转换。常用的方法是根据各井标定结果得到各个井点处的速度,然后在地震解释层位的约束下,将井点的速度内插得到一个符合地层沉积规律的纵向、横向变化的速度体。因为可以认为地震解释层位代表的是地下地层的界面,是地质年代的界限,所以层位约束下的速度模型是合理的。可以利用这个速度体将地震解释层位转换成深度域,进行构造成图(图3-6)。

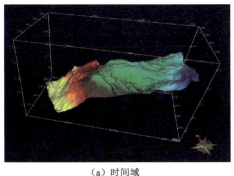

（a）时间域　　　　　　　　　　　　　（b）深度域

图 3-6　大老爷府登楼库组顶面时深转换后的构造形态

第二节 深层气藏构造解释

一、等时地层井震标定

1. 地层特征分析

大老爷府气藏下白垩统有多套气层,包括营城组的火山岩气藏和登娄库组、泉头组的碎屑岩气藏。本书主要针对碎屑岩部分,以登娄库组和泉头组一段为例(表3-1)。

表3-1 大老爷府气藏地层表

地 层			代 号	地震波组	接触关系
系	统	组			
第四系			Q		底 超
新近系			N		
古近系			E		
白垩系	上白垩统	明水组	K_2m		
		四方台组	K_2s		
		嫩江组	K_2n		
		姚家组	K_2y		
		青山口组	K_2qn	T2	
	下白垩统	泉头组	K_1q	T3	
		登娄库组	K_1d	T4	上 超
		营城组	K_1yc		
		沙河子组	K_1sh		
侏罗系		火石岭组	J_1h		

登娄库组整体上为一个完整的"进积—退积"沉积旋回,主要发育厚层砂岩夹薄层泥岩,底界与营城组不整合接触,由厚层砂岩突变为营城组火山岩;泉头组一段也表现为一个完整的"进积—退积"沉积旋回,底部发育一套厚层紫色、紫红色泥岩段夹少量粉砂岩(图3-7)。

2. 层位地震地质综合标定

1) 地震资料极性判别

在地震地质标定之前,先对地震资料的极性进行判别。方法是:对区内所有井分别采用正、负极性子波制作合成记录,并对比标定结果,发现采用正极性子波进行标定时合成记录与地震资料相关性更好,据此判断所使用的地震资料的极性为正极性。

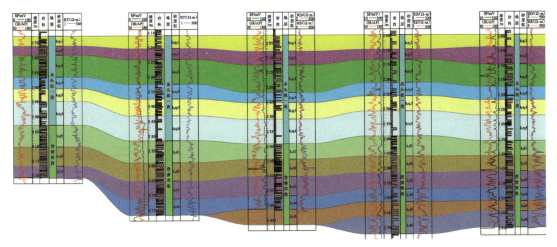

图 3-7　大老爷府地区地层对比图

2）合成记录制作

这里所说的合成记录实际上是指井震标定的过程，在该过程中为了获得一个较好的合成记录相关性，必须不断对子波进行调整（图 3-8），包括调整子波的频率、相位等。

3）时深关系一致性检验

时深关系的检验主要是指多井时深关系的一致性检查。在完成研究区内所有井的合成记录制作之后，就得到所有井上的速度，此时要对这些速度进行对比分析，保持它们之间的一致性（图 3-9）。

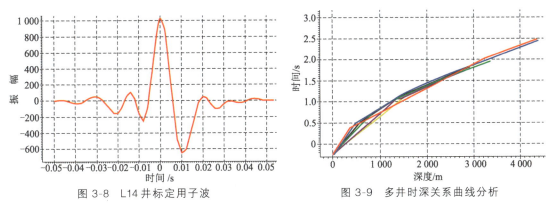

图 3-8　L14 井标定用子波　　　　　图 3-9　多井时深关系曲线分析

另外，单井合成记录制作完之后，应该将标定结果投影在地震剖面上以进行横向对比分析，相同的地质分层应该对应同一地震反射同相轴（图 3-10）。

3. 目的层地震反射特征

从地震剖面上看泉头组一段与上覆地层反射特征差异明显。泉头组一段总体来看反射能量较强，其上覆地层呈现弱反射特征；而登娄库组顶面地震反射特征不是特别明显，但是仍可进行横向对比追踪（图 3-11）。

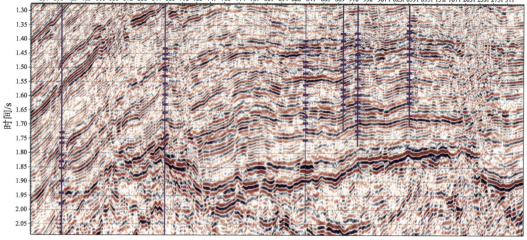

图 3-10　多井标定结果对比图

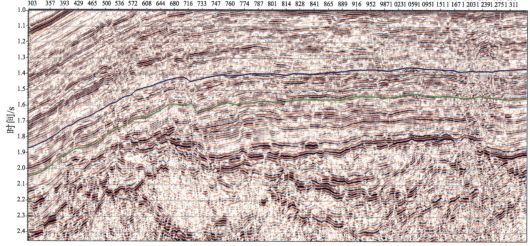

图 3-11　目的层地震反射特征

二、气藏精细构造解释

　　大老爷府地区三维地震区面积 370 km²,区内仅有 8 口井的资料,要开展全区的地质研究存在很大困难,而覆盖全区的三维地震资料较好地弥补了钻井较少的不足。本书的主体研究内容就是充分利用三维地震资料解决井点资料难以控制区域的地质问题,包括构造、沉积相、储层研究等。

　　构造解释是一切地震地质研究的基础。前人对大老爷府地区研究较少,本书中的构造解释在对了解区域构造背景和沉积特点的基础上,充分结合已有的研究成果,并补充了新的钻井资料,对目的层进行解释,为下一步的地震地质研究提供地层格架。

在层位解释过程中,先选取过井骨干剖面进行解释,这样便于确定要解释的地质层位界面所对应的地震反射同相轴,然后再按一定间隔逐道逐线进行解释,同时注意利用底图的颜色控制,最终达到层位的闭合。

在断层的具体解释过程中,先做相干体分析,对断层的空间展布有一个整体的认识,然后在剖面上对断层进行解释,要特别注意断层的空间组合。

大老爷府地区断层十分发育,剖面上近直立状,具有明显的分期性,走向近南北(图3-12 至图 3-14)。

图 3-12   泉头组一段顶面断层平面展布图

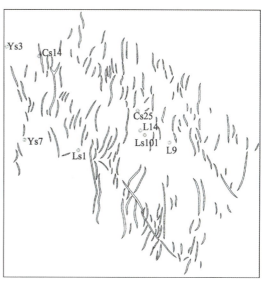

图 3-13   登娄库组顶面断层平面展布图

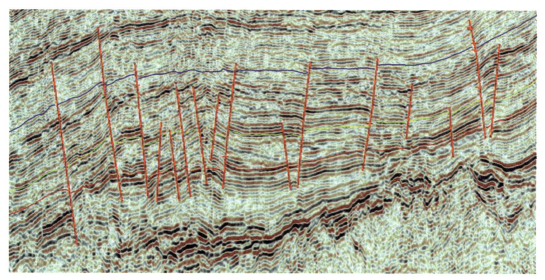

图 3-14   大老爷府地区断层发育剖面图

三、构造成图及构造特征分析

1. 构造精细成图

在层位和断层解释完成之后,需要将地震解释层位转换成深度域,进行构造成图。这个过程中最主要的是时深转换过程。由于研究区整体构造形态相对简单,而且目的层沉积稳定,没有特殊地质体存在,因此采用 TDQ 建立速度模型,将时间域地震解释层位转换成深度域,并最终完成构造图的编制(图 3-15 和图 3-16)。

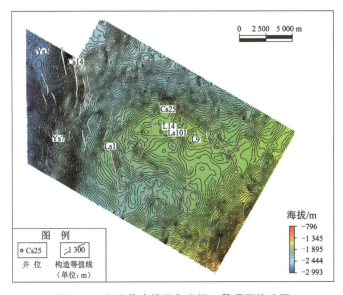

图 3-15 大老爷府地区泉头组一段顶面构造图

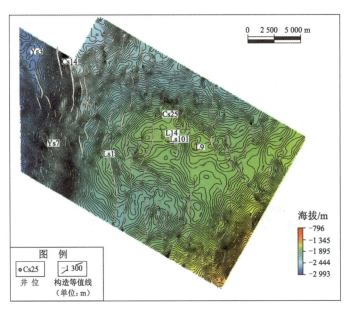

图 3-16 大老爷府地区登娄库组顶面构造图

2. 构造特征分析

整体上来看,登娄库组顶面与泉头组一段顶面构造形态相似,是长期继承性发育的北西向倾没的鼻状构造;断层十分发育,走向为北北西向,断层的发育使构造复杂化。

3. 构造图误差分析

构造解释的准确性不仅可以检验研究区层位解释的精度和速度模型的准确程度,而且还影响到对构造特征特别是构造圈闭的认识,因此必须对构造图的准确性进行检验。常用的方法是控制构造图上井点位置的深度与钻井深度的差在一个较小的范围之内。

第三节　复杂断块区构造精细解释

选取 L11 断块为典型研究区,进行精细构造解释,开展构造样式及断裂系统的精细研究(图 3-17)。在等时地层格架认识的基础上,通过制作合成地震记录进行层位标定;利用常规地震剖面、水平切片、相干属性等手段,研究断裂体系结构特征、构造样式及组合关系,重点开展低序级断层解释。利用标定成果完成目的层位精细解释并得到时间域构造图;利用钻井标定的平均速度建立平均速度场,进行时深转换,得到深度域构造图。对目的层段各砂层组及主力含油砂体顶面构造进行精细成图。

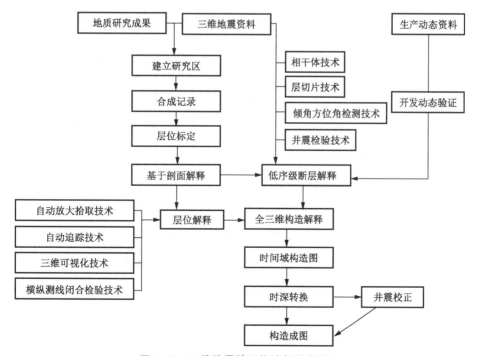

图 3-17　三维地震精细构造解释流程图

　　胜利油田于 2009 年在研究区采集的三维地震资料,总面积为 11.08 km²,地震资料的有效频带范围为 15～55 Hz,主频为 18 Hz。

一、层位标定及地震反射特征

1. 层位标定

　　层位标定是地震与地质相联系的纽带。现有的层位标定方法有 VSP 标定法、平均速度标定法及合成记录标定法。将地质分层测井曲线标定在地震同相轴上,进行井震层位标定。精确的层位标定是精细构造解释的关键。

　　针对目标处理后的地震资料,首先用与地震资料主频相当的雷克子波进行初步标定,将解释层位与井分层大致对齐,然后提取井旁地震道子波,不断微调合成地震记录。图 3-18 所示是从 L11-109 井提取的井旁地震道子波。由图可知,提取的井旁地震道子波形态较好,长度124 ms,主峰突出且峰顶平滑,旁瓣较小,在有效频带宽度内相位比较稳定。用该子波与反射系数褶积得到的合成记录,其主要波组与地震剖面匹配性良好,地质层位标定准确,达到了精确标定的目的。

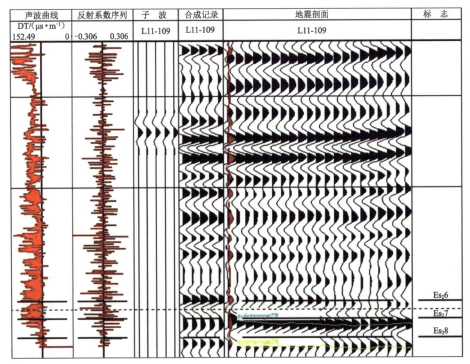

图 3-18　L11-109 合成记录标定图

　　在 Geoframe 地震解释系统中,对研究区内钻遇目的层并有声波时差资料的 96 口直井、34 口斜井用声波曲线和井旁地震道子波制作合成地震记录,地震剖面上表现为正极性。对数据体做连井剖面,并在连井任意测线中对单井的标定再次进行标定(图 3-19)。检查相同层位是否标定准确,经过反复标定校正,最后实现整条地震剖面的准确标定。

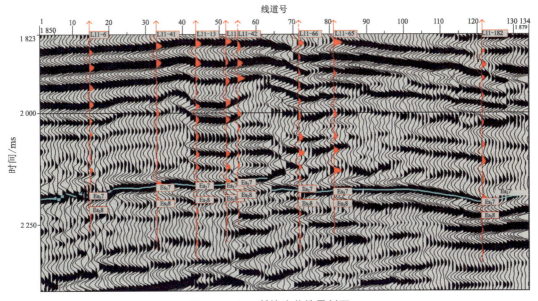

图 3-19　L11 断块连井地震剖面

2. 地震反射特征

通过精细井震标定确定目的层后,确定 L11 断块 $Es_2 6$ 砂组、$Es_2 7$ 砂组、$Es_2 8$ 砂组、$Es_2 9$ 砂组顶界面追踪位置,以便进行精细的层位追踪。各反射层主要特征为:$Es_2 6$ 砂组上部主要为灰色、绿色泥岩夹粉砂质泥岩,在地震剖面上表现为中弱相位正极性反射;$Es_2 7$ 砂组上部标准层主要为三角洲前缘亚相分流河道沉积,主要岩性特征为灰岩与泥岩交互层,地震剖面上反射强、稳定性好,全区容易追踪对比;$Es_2 8$ 砂组顶面主要为三角洲前缘河口坝沉积,主要岩性特征为灰色泥岩、粉砂质泥岩,在地震剖面上表现为正极性中弱振幅中低连续前积反射;$Es_2 9$ 砂组顶面主要特征为厚层灰色、深灰色泥岩,在地震剖面上表现为弱相位正极性反射,稳定性差。

二、等时地层精细解释

同一界面的反射波如果受深度、岩性、产状及围岩的影响不大,在相对的范围内会在相邻地震道相似,并且具有一定的稳定性。同一地层界面的反射同相轴一般具有 4 个相似的特点:强振幅、波形相似性、同相性及时差变化规律。这 4 个特点也是反射波对比的四大标志。一般用波形振幅变化及波形相似性来识别地震剖面上波的出现,通过波的同相性和时差变化规律识别波的类型、特征并对产生波的界面的特点做出推断。

构造解释的流程为:① 以井震标定结果进行目的层位追踪;② 以标定结果为依据标定出井点以及附近的层位;③ 在井点范围的局部层位信息的基础上进行过井纵横测线的追踪,使过井剖面得到准确的层位信息;④ 对连井剖面进行同相轴的追踪,并将层位延伸到无井地区;⑤ 在纵横测线上进行全区的对比追踪,逐条对测线进行解释;⑥ 任意线方向检查剖面的层位是否闭合。

根据以上同相轴识别和追踪的基本流程,在地震地质标定的基础上,借助于 Geoframe 解释系统,对 Es_26 顶、Es_27 顶、Es_28 顶、Es_29 顶、Es_210 顶 5 个层位进行波形对比和同相轴追踪(图 3-20)。目的层位为三角洲前缘亚相沉积,Es_27 砂组顶界面反射波同相轴连续,波组特征清晰而且断层较少,采取半自动追踪的方式进行解释,可提高解释效率。除 Es_27 顶外,其余 4 个层位的地震反射特征均有波组较弱、连续性较差、个别有前积反射的特点。在对这类同相轴进行追踪和对比时,首先要做到对全区构造特征有全面、直观的了解,并在附近地震标准同相轴的控制下进行手动拾取方式识别,以提高解释的准确性。

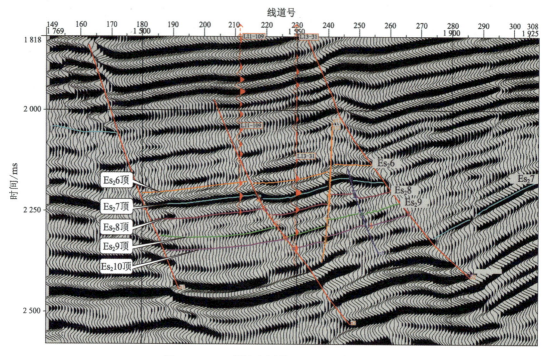

图 3-20　L11 断块主测线 Line2858 地震剖面

追踪同相轴时可利用分频技术辅助进行层位解释。地震同相轴的地层性质在很大程度上受地震频率的影响。在低频范围内的很多同相轴比较容易穿时,在较高频率的地震数据体容易等时。原始地震剖面分频后,产状和位置在不同的分频剖面上表现一致的地震同相轴比较可靠。

由图 3-21 可以看出,原始地震剖面上 Es_26 顶部分地震同相轴反射特征较弱,没有明显可对比追踪的特征,仅凭经验进行层位解释容易产生较大的误差。经过分频处理,60 Hz 的等频体剖面上出现稳定且连续的同相轴,Es_26 顶对比追踪特征明显。由于高频地震资料可以反映地层信息,据此进行同相轴追踪能得到比较准确的结果。

低幅度构造一般指 10 m 幅度以内的低缓构造,其幅度和面积较小,但形成富集小油藏的可能性很大,对剩余油的分布起着决定性作用。因此,开发阶段对于低幅度构造的精细描述是不可或缺的,层位解释应重点突出低幅度构造的解释。对于低幅度构造解释来说,要进行准确识别并区别假构造并不容易,因为其在地震剖面上不易识别,同相轴表现为低幅的略微变化甚至是平直的,解释时容易被漏掉,为避免这一现象必须加密进行解释。该研究区对所有的地震测线都进行了解释,避免遗漏任何一个低幅变化的细节。在解释的过程中要注意同相轴的产状及其"突变点",这些"突变点"往往能反映地下地层的真实产状,甚至有可能是低幅度构造的圈闭点。

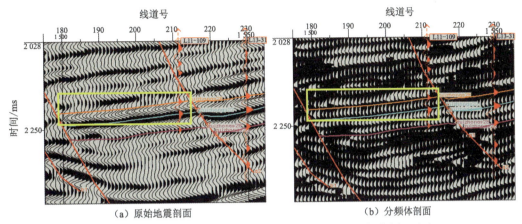

图 3-21　L11 断块主测线 Line2857 原始地震剖面及分频体剖面对比

本实例构造解释精细网格成图中全区层位解释为逐条对测线进行解释,在低幅度构造地区逐线追踪解释,运用自动放大拾取技术调整剖面比例,使其横向比例缩小,突出剖面低幅度变化形态(图 3-22),同时运用分频解释进行检验校正,解释出幅度小于 10 m 的低幅度构造,反映出更加真实的构造形态,使解释结果更加准确。

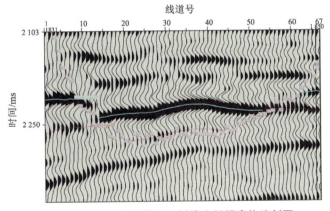

图 3-22　L11 断块横向比例缩小低幅度构造剖面

三、低序级断层地震识别与解释

低序级断层是相对的概念,一般指四级以下的断层。表 3-2 是胜利油区断层级别的划分标准。研究区属于复杂断块油田,低序级断层比较发育,尤其是四级及以下的低序级断层的存在控制着剩余油的分布。因此,研究区断裂系统的精细解释对后期开发井网调整部署有着至关重要的作用。

表 3-2　胜利油区断层级别的划分标准

断层级别	断层性质	延伸长度/km	断层断距/m	断层作用
一级断层	控制凹陷	＞50	＞1 000	控制凹陷油气聚集
二级断层	控制构造格架和沉积	10～50	500～1 000	控制构造带油气聚集
三级断层	控制后期沉积	5～10	100～500	控制断块区油气聚集
四级断层	叠加局部应力场产生	2～5	50～100	控制断块区油气聚集
五级断层	四级断层派生断层	0.5～2	20～50	控制油水关系及剩余油分布
六级断层	五级断层派生断层	＜0.5	＜20	控制剩余油分布

1. 低序级断层的解释流程

在低序级断层的解释过程中,首先需要通过一定的应力分析判断断层所在的断裂区的分布规律和发育机制,以此辨别断层的主要走向及断层间的组合关系,并以这种地质规律为指导进行骨干剖面的解释。然后利用相干体技术(包括相干剖面、相干时间切片)对数据体进行"求同存异",检测地层不连续性。在这种相干突变的反射特征处,判断是否由断层引起。结合原始地震剖面,加密断层解释。之后利用属性的处理功能将地震剖面经过滤波等处理转换成三瞬剖面。其中,可利用瞬时相位剖面以及其他(对地质体敏感)属性进一步精确断点的位置。再利用各种显示方式研究同相轴间的细微关系,如利用变密度显示、时间切片与原始剖面对接显示等各种显示方式识别低序级断层,达到识别断距小于 8 m 断层的解释技术要求。同时,利用倾角、方位角检测技术检验断层展布,并利用其他沿层属性技术进行断层组合关系的校验;利用三维可视化解释技术检查断层的空间展布、交接关系及组合形态。在低序级断层解释的过程中,需要紧密地结合钻井资料,井震结合,对断点匹配程度进行进一步检查,并精细刻画断棱、断面。最后,利用开发动态资料,校验低序级断层对油水关系的影响,最终确立断层组合及精细解释结果(图 3-23)。

为满足油田开发的需要,对断层断距为 8 m 以上、延伸长度大于 150 m 的小断层进行重点解释,可满足低序级断层"精""细"的解释要求,达到在现有地震资料情况下低序级断层解释断距大于 8 m 的技术指标,为油田后期研究提供可靠的断裂分布基础。

2. 构造背景分析

研究区位于东营凹陷中央隆起带西倾部位,北部受 L11 大断层(落差 250～400 m)、南部受北掉 H125 断层(落差 250～400 m)遮挡,以北部弧形大断层为主,与南倾地层形成反向屋脊式断块。构造东南低、西北高,形成一系列北东东—南西西向断层平行排列,断层倾向以北北西为主,主要是北北西—南南东向伸展作用的结果,同时也存在左旋扭应力的作用,主要是因为于研究区内发育北东东—南西西向为主的断层。通过其延伸长度稳定的产状及落差,可以判断断块受到以北北西—南南东向为主的拉伸应力;另外,断块所在区为帚状断裂带,这一现象也说明研究区存在左旋扭应力的作用。在确定主要断裂的分布与走向的基础上,对骨干剖面进行大尺度断层解释(图 3-23)。

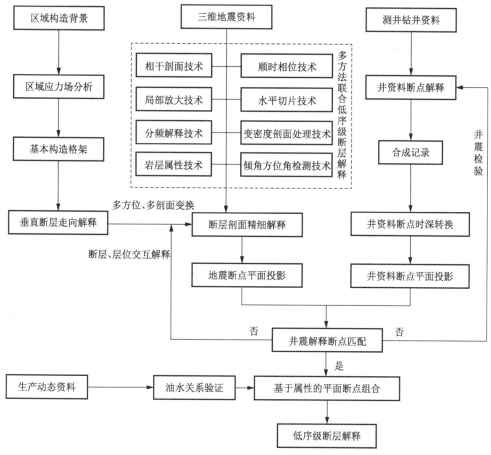

图 3-23　井震结合低序级断层解释流程图

3. 多方法联合低序级断层解释

1) 剖面识别、水平切片检验法进行骨干剖面解释

一般情况下,断层解释的基本工作是在原始地震剖面上进行的,这也是断层解释的主体工作。垂直断层走向的骨干剖面解释可判断主要断裂的分布及走向,而剖面断层解释的主要依据是同相轴的错断,尤其是反射波组的扭动和错断(图 3-24)。

另外,反射波同相轴数目的突然增减也是识别断层的依据之一。通常情况下,在进行断层解释的过程中需要将原始地震剖面与水平切片交互解释来验证断层的空间结构,并判断水平叠合关系是否合理。小断层在水平切片上可被明显"放大",其同相轴反射强度变强,同相轴的错开距离取决于断距,同相轴的宽度取决于地层倾角。利用同相轴在平面上的异常(同相轴中断、错开、突然拐弯以及相邻两组同相轴走向不同)和振幅突变可清楚地识别断层(图 3-25)。这种识别断层的方式可以配合剖面断层的识别,并对其进行剖面、平面的交互校验,但一般适用于较大的断层识别,对五级以上低序级断层的识别并不能达到精确的程度。

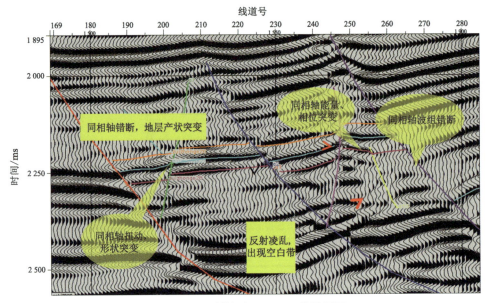

图 3-24　L11 断块过 Line2879 地震剖面

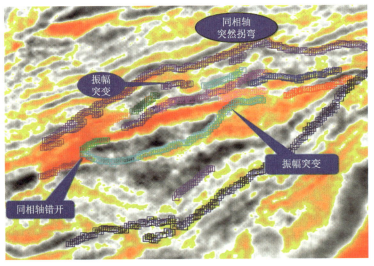

图 3-25　L11 断块 2 200 ms 水平切片

2）相干属性突变加密断层解释

　　由于地震资料的分辨率较低,有些低序级断层往往很难通过剖面及原始平面切片识别出来。这时通常需要做一些相干性分析,通过比较同相轴波形相似性,"求同存异",使其凸显波形不连续性,以反映地层和岩性的变化,从而辨别断层、河道以及一些特殊地质体的存在。通过改变时窗,选取能够反映断裂系统特征的合适的时窗变化范围,对地震道进行计算检测(图 3-26 和图 3-27)。在解释的过程中,运用相干性与原始地震资料反复交互检验,落实断层解释方案。

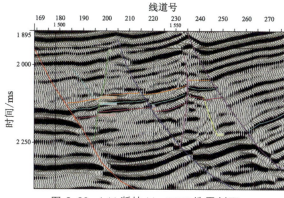

图 3-26　L11 断块 Line2879 地震剖面

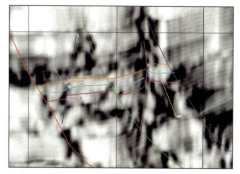

图 3-27　L11 断块 Line2879 相干体剖面

根据断裂的具体情况,应用相干性对断层进行识别检验。将原始地震资料处理成相干数据体,在相干体时间切片上可很好地识别低序级断层。地层不连续地区的地震剖面上表现为振幅、相位产状突变,通过相干体切片可以清楚地反映出这种异常。在相干体切片上,浅色为正常区,深色为异常区,断层的平面展布和组合一目了然(图 3-28)。将解释断点位置投影在相干体切片上,可更好地验证断层解释的准确程度(图 3-29 至图 3-31)。

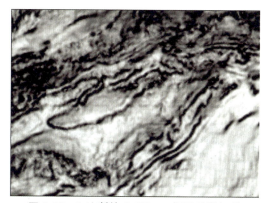

图 3-28　L11 断块 2 220 ms 相干时间切片

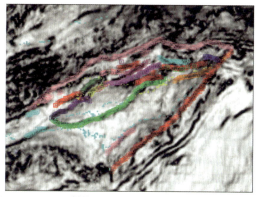

图 3-29　L11 断块 2 220 ms 相干时间切片断点投影

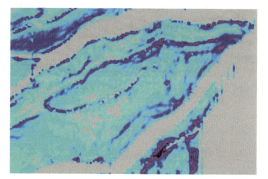

图 3-30　L11 断块沿 $Es_2 7$ 顶相干体切片显示

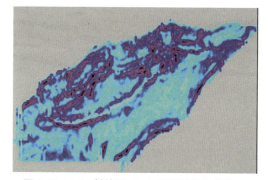

图 3-31　L11 断块沿 $Es_2 8$ 顶相干体切片显示

在低序级断层的识别过程中,为避免地层倾斜对相干计算精度的影响,可以先进行层拉平处理,再提取沿层相干属性。相干计算地震道数对计算精度有一定的影响,平均效应随计算道数的增加而变大,所以需要合理地选取相干计算的地震道数。相关时窗参数一般取 30～40 ms。利用沿层相干属性可以明显增强对小断层的识别能力。

断层的平面展布在沿层相干切片上显示清晰,合理地使用相干属性剖面及平面的突变能够准确地进行断层的平面组合。研究区内断裂非常发育,针对目的层 $Es_26～Es_29$ 砂组顶界面在 2 100～2 400 ms 段进行相干处理。通过相干处理以及以上 3 种相干方法交互验证,断层的平面延伸及空间展布组合形态反映得非常清楚。利用相干技术,将原始地震剖面、水平切面及相干属性中提取的剖面、切片联合进行断层的逐道加密解释,并通过剖面断点平面投影的交互验证,精细低序级断层的解释程度,识别断距大于 10 m 的断层。

3)瞬时属性剖面确定断点

低序级断层在原始地震剖面中往往由于同相轴的扭动或者如反向屋脊式断层“假断点”的产生,断层断点的位置有时不能很精确地显现。利用地震属性中的瞬时相位、瞬时频率等处理功能对剖面进行滤波处理,可以凸显断层断点的特征。利用瞬时相位对角度变化敏感的性质,综合对比原始剖面及瞬时属性处理剖面,分析相位突变点变化等特征,判断同相轴变化的原因,验证断层是否真实存在。

瞬时相位剖面在低序级断层处同相轴的变化更为明显,并且原始剖面中同相轴扭动的位置经过处理后产生中断点,可以更好地辨别断点的位置(图 3-32 和图 3-33)。此外,瞬时相位及瞬时频率剖面对空白带层位追踪极为有利。研究区经过对剖面进行三瞬属性处理,提高了低序级断层的断点和层位位置的解释精度。

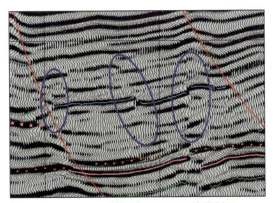

图 3-32　L11 断块过 Line2863 地震剖面　　　图 3-33　L11 断块过 Line2863 瞬时相位剖面

4)多种显示方式研究同相轴细微变化

低序级断层解释过程中常常用到水平切片与地震剖面闭合检验解释,它是一种利用地震剖面和水平切片联合解释的方法。通过分析显示断层解释平面剖面的闭合关系,观察断层和层位在剖面上的形态和特征,同时追踪其在水平切片上的延伸,指导断层的空间组合(图 3-34 和图 3-35)。从图中可明显地看出断层在剖面和平面上的展布特征,使断层的空间延展形态更加清晰和直观。

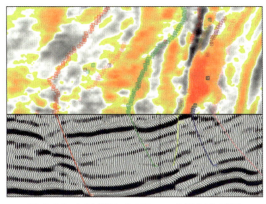
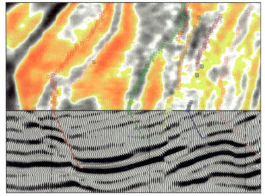

图 3-34　L11 断块 2 160 ms 水平切片显示　　　　图 3-35　L11 断块 2 250 ms 水平切片显示

　　变密度剖面显示可以有效地识别低序级断层。地震原始剖面的断层识别中往往比较重视波峰信息而遗漏波谷信息,这样就很容易忽略同相轴突变的原因。变密度剖面完整地展现了波谷数据信息,可以进一步验证断层的存在,判断断点的精确位置,明显提高断层解释精度(图 3-36 和图 3-37)。这也可以作为鉴别低序级断层的一个依据。通过识别反射波细微变化点,达到识别断距大于 8 m 断层的解释精度。

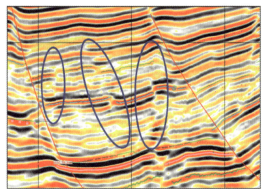
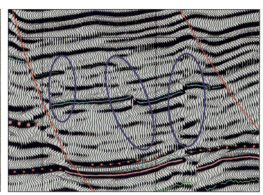

图 3-36　L11 断块 Line2863 变密度剖面　　　　图 3-37　L11 断块 Line2863 原始地震剖面

5)平面属性方法验证

　　倾角属性反映时间梯度的变化量,常用其表示地层倾斜程度。沿反射层位的每个时间网格点计算出相邻两点限定的倾斜矢量参数,并且以彩图形式表示倾角图,可以清楚地展示断层的展布及组合形态,精确地识别低序级断层。在倾角图上,倾角大的数据条带对应断层走向。图 3-38 和图 3-39 分别是 L11 断块 $Es_2 7$ 和 $Es_2 8$ 层倾角方位角断层检测图,倾角属性较好地刻画了断层的平面展布信息。

　　曲率的发散向量可以反映背斜的相关特征,收敛向量可以反映向斜的相关特征,而平行向量则是平坦界面(零曲率)的反映。利用曲率属性可以很好地解释地质体的弯曲情况,从而将这种曲率变化放大,显示低序级断层的相关信息。曲率属性对减少区域倾角影响有很大的帮助,同时突出小尺度的构造现象。但需要注意避免采集脚印对采集微小地质突变的影响。

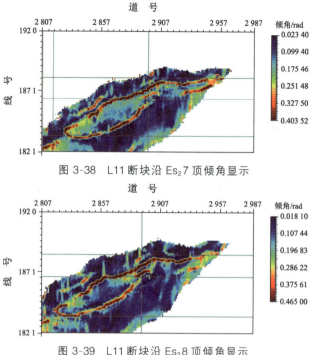

图 3-38 L11 断块沿 Es_2^7 顶倾角显示

图 3-39 L11 断块沿 Es_2^8 顶倾角显示

图 3-40 所示为 L11 断块沿 Es_2^7 层位提取的曲率属性,其中最大正曲率属性很好地展示了四级以下的低序级断层。利用曲率计算可以衍生多个曲率属性,以及其他一些平面属性如朗伯体反射系数、二阶偏导数等属性(图 3-41 至图 3-43),这些平面属性非常适合刻画断层、裂缝等地质体。

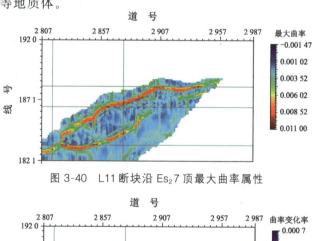

图 3-40 L11 断块沿 Es_2^7 顶最大曲率属性

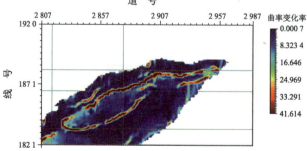

图 3-41 L11 断块沿 Es_2^7 顶局部曲率变化率属性

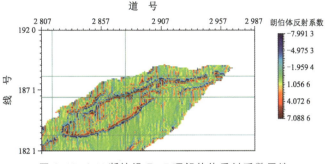

图 3-42　L11 断块沿 Es_27 顶朗伯体反射系数属性

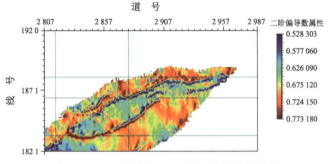

图 3-43　L11 断块沿 Es_27 顶二阶偏导数属性

另外，本书对低序级断层的研究中也使用了近些年新的属性融合体技术，很好地刻画和反映了所研究断块的低序级断层的分布情况。利用多属性 RGB 融合显示，调整不同属性显示参数，可提高对地质构造特征细节的认识。图 3-44 为均方根振幅、平均振幅、平均绝对振幅融合结果，可较清晰地反映断层的平面展布。但此类融合体属性与分频属性融合体(图 3-45)相比，反映信息较杂乱，其中有岩性变化的影响，不能很好地反射断层信息。

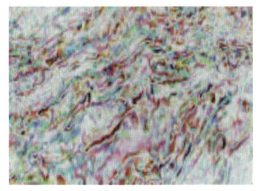

图 3-44　振幅类属性 2 208 ms 融合结果

图 3-45　低、中、高频相干属性 2 208 ms 融合结果

将属性进行小波变换分频提取，通过对比可发现低频信息对于断层轮廓刻画较好，高频的相干体切片对于识别低序级断层比较有利，中频信息反映较为适中。调整不同尺度信息融合比例，能够使分频融合体达到一个较好的反映地质体信息的状态。

图 3-45 所示为低、中、高频相干属性融合结果，通过效果图可剔除其他信息的影响，

将断层信息很好地展示出来。分频相干三属性 RGB 融合可清晰地反映断层的平面及空间展布,对低序级断层信息反映的效果很好。将其他对断层反映敏感的体属性进行分频 RGB 融合,也可发现原始切片上没有展现的信息(图 3-46 和图 3-47)。

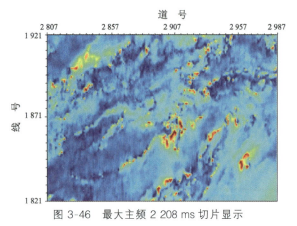

图 3-46 最大主频 2 208 ms 切片显示

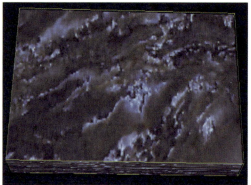

图 3-47 最大主频分频融合体

6)三维可视化三维体解释

前面阐述了低序级断层解释中多种技术手段的联合检验及交互验证,将上述技术手段综合应用于低序级断层解释中,采用联合对比的方法,从剖面到平面建立断层空间展布的立体概念。采用三维可视化及透视可视化技术等手段,通过调整色彩及透明度参数,可更直观地了解构造展布的立体组合关系。在研究区范围内搜索地质目标,将相关的地震数据抽离,再进一步调整参数确定断层展布(图 3-48)。

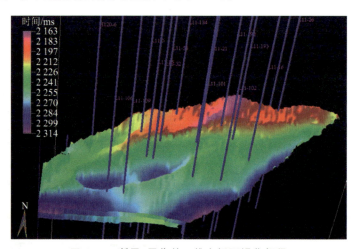

图 3-48 断层、层位的三维空间可视化解释

在识别四级及以下的一些低序级断层时,通常会遇到其在剖面上表现特征不明显的情况,常表现为同相轴的轻微扭动,很难判断是地层产状还是岩性变化的影响。一般情况下,单一的断层解释技术很难确定和判断这种状况。因此在进行低序级断层的识别和验证研究时,应建立由剖面到平面及三维空间的多方法联合断层解释技术,使低序级断层的解释达到精细化标准。

4. 井震联合检验

对于开发后期油田来说,一般情况下为密井网研究区。在构造精细解释过程中,基于井点钻遇断层较多的特点,可以很好地利用井信息约束地震断层的解释,达到井震联合统一。用高精度断层解释水准对其精细刻画,将井点信息通过时深关系转换为时间域。根据原始剖面反射特点,结合井点断点位置信息约束剖面,对井点断点匹配关系进行复查及进一步调整。精确钻井与地震断层解释关系,同时利用井断点投影对断面进行修正(图3-49 和图 3-50)。

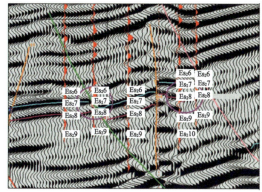 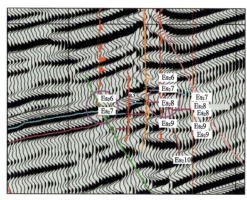

图 3-49　L11 断块 Line2876 地震剖面　　　　图 3-50　L11 断块 Line2894 地震剖面

对于开发后期的老油田,剩余油在断层沿线比较富集,其有效挖潜需要精确的断面信息的刻画。但由于研究区地震的面元为 $25\ m \times 25\ m$,仅根据地震资料难以精准刻画断层、断棱,需要借助于大量井点及井断点信息进行低序级断层研究。对于断块的研究,通过井震结合联合断层检验,可精细刻画断棱、断面,达到井震统一。

图 3-51 中,通过地震资料刻画断棱、断面位置并不精确,井数据显示 L11-132,L11-135,L13-21,L13-2 井于 $Es_2 7$ 顶面断失,这些井点在这一层位应刻画于断棱外部。经过井震联合检验,以井点信息约束精确刻画,可提高断棱、断面解释精度,从而为后期剩余油的挖潜提供可靠、精确的断层解释基础。

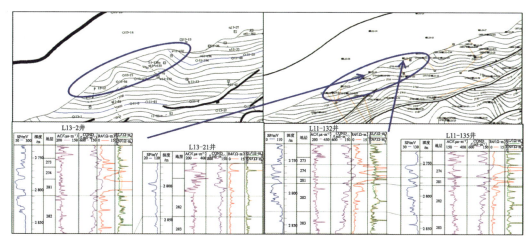

图 3-51　井震联合检验精确刻画断棱、断面

四、低序级断层分布模式

1. 断层平面组合样式

断层的平面组合样式基本为以下几类：平行状、放射状、斜交状、帚状、雁列状和网格状等（表3-3）。

表3-3　断层平面组合典型样式

组合样式	特　点	形成机制	典型形态
平行状	走向相同的一系列断层在平面上平行排列	单方向伸展作用、带状隆升作用	
放射状	一系列断层在平面上向中心收敛，向四周发散	柱状隆升作用	
斜交状	断层之间在平面上呈斜交关系	多方向伸展作用	
帚　状	一系列断层在平面上向一端收敛，向另一端发散	水平扭动作用	
雁列状	一系列断层在平面上呈雁行式排列	水平扭动作用	
网格状	两个或两个以上方向的断层在平面上呈错切关系	多方向伸展作用	

2. 断层剖面组合样式

复杂断块断层的剖面组合样式可以归为多级"Y"字形、阶梯状和地堑式、地垒式等（表3-4）。

表3-4　断层剖面组合典型样式

组合样式	特　点	形成机制	典型形态
"Y"字形	铲式主断层的下降盘发育与其相交的倾向相向的次级断层	铲式断层常导致滚动背斜的发育，核部派生出多条倾向相向的次级断层	
阶梯状	多条产状基本相同的断层在剖面上沿倾向节节下掉	受拉张作用，通常发育在断裂构造带	

组合样式	特　点	形成机制	典型形态
地堑式	两条倾向相向的正断层具有共同的下降盘	区域伸展或隆升作用派生的局部伸展	
地垒式	两条倾向相背的正断层具有共同的上升盘	区域伸展或隆升作用派生的局部伸展	

3. 低序级断层发育模式

L11断块为断裂构造带中的复杂断块,断层的平面组合形式主要为平行式,剖面上主要为阶梯状或单级、多级"Y"字形(表3-5)。L11断块的发育模式与其构造背景有着密不可分的关系。中央隆起带受到的重力及张扭性水平扭应力的复合作用,是由济阳构造运动及东营构造运动使孔店组—沙四段的塑性地层上拱而成的。中央隆起带的断块模式主要包括东段发育的平行模式,以及交会部位发育的环状放射、羽状、弧形断块模式。

研究区L11断块位于草桥—纯化镇鼻状隆起带向北倾没部位,处于中央隆起带西段帚状断裂构造带上。该构造带西端由3条弧形北倾断裂组成,主要受北北西—南南东向伸展作用及左旋扭应力的作用,剖面上呈节节下掉的断阶,北东东向发育的同生断裂控制了这一区域的构造形态。同时,由于扭应力的存在,平面上形成北东收敛、南西撒开的帚状断块带。L11断块由于处于这一帚状断裂带,通过其延伸长度和稳定的产状及落差,可以判断断块受到这一带同生断裂控制,主要发育有北东东—南西西向平行式排列的断层。

表 3-5　低序级断层发育模式(据戴俊生,2006)

构造背景		低序级断层发育模式	
种　类	方　式	平　面	剖　面
单条高序级断层	端部应力集中	优势发育区	
	下降盘逆牵引		
两条高序级断层之间	同向平行	与主断层平行	与主断层平行或相交
	相向平行	平行式	与相邻主断层同倾向
	右旋右列、左旋左列	与主断层斜交	与相邻主断层同视倾向
构造应力场	单向伸展	平行式	断阶式
	多向伸展	网格状	切错、限制
	扭　张	帚状或雁列式	断阶式、堑垒式
构造变形	带状拱张	平行式	地堑式
	柱状拱张	放射状或同心环状	断阶式、堑垒式
	断块弯曲	沿最大曲率带延伸	

平面断层组合形态:构造东南低西北高,北部受L11大断层、南部受北掉H125断层

遮挡,平面上形成一系列北东东—南西西向断层平行式排列,断层倾向以北北西为主,是北北西—南南东向伸展作用的结果(图 3-52)。

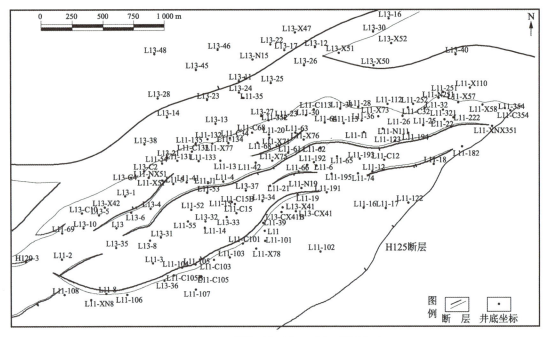

图 3-52　L11 断块砂组顶界面平面断层组合

剖面断层组合形态:L11 断块位于梁家楼—现河—东营帚状断裂构造带,由于受北北东向发育的同生断裂控制,北倾阶梯状断层在剖面上沿倾向节节下掉。同时以 L11-8 断层为铲式主断层的下降盘发育与其相交的倾向相向的次级断层,剖面上表现为多级"Y"字形;而平行排列的高序级断层容易派生与其产状近于一致的低序级断层,由 L11 断层派生的低序级断层与"Y"字形断层在区域伸展、局部隆升作用力下形成小型地垒式组合(图 3-53)。

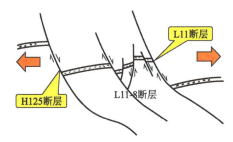

图 3-53　L11 断块目的层段剖面断层组合

五、速度分析与变速成图

通过对全区层位、断层进行精细构造解释,得到砂组的顶面等 T0 构造图。

1. 变速成图

速度选取是时深转换工作中最为重要的一步。速度与岩性、孔隙度、岩石地层年代以及构造都有着密切的关系,因此在速度选取时要综合考虑这些因素。通过对研究区速度的分析可知,速度在平面上和垂向上都发生变化;深度超过 2 000 m,时深关系也发生变化,显然用东营速度进行时深转换将产生较大误差(图 3-54)。

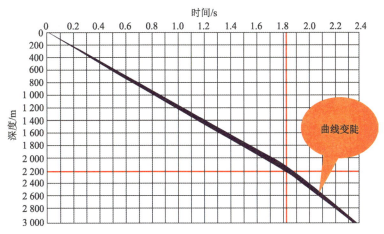

图 3-54　L11 断块地区时深关系

构造解释中采用变速成图的方法,利用高精度合成地震记录得到的井点时深关系进行空间插值,建立空变速度场,井震结合,在较强的可控性范围内使得时深关系精确转换。

在勘探开发初期钻井资料较少的情况下,需要叠加速度利用 DIX 公式进行转换得到层速度,进一步计算平均速度,再利用其进行空间插值得到三维平均速度体。而这一速度是通过速度谱计算得到的,精细程度低,不适用于开发后期低幅度及构造精细解释的要求。而利用密井网的优势,采用井震结合的方法建立空变速度场,在构造曲面的控制下,利用高精度合成记录标定得到的井点时深关系进行空间插值,建立空变速度场,同时利用地质分层得到的井点速度进行校正(图 3-55)。

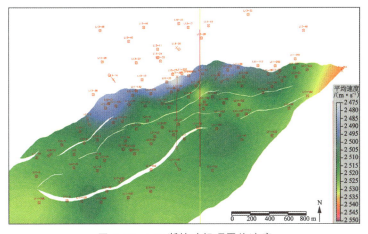

图 3-55　L11 断块砂组顶平均速度

研究区面积约 4.06 km²,钻遇目的层段井 132 口,井网密度较大,分布也相对均匀。利用合成记录标定结果得到的 118 口井的时深关系及速度作为空间约束条件,网格化后得到速度场。图 3-55 显示,整体上 $Es_2 7$ 速度在 2 510 m/s 左右,横向上层间速度变化不大,全区速度变化范围为 50～60 m/s,相对低速区主要集中在研究区的北部。运行 Geoframe 的时深转换模块实现变速时深转换,最终完成 Es_26,Es_27,Es_28,Es_29,Es_210 共 5 个砂组的顶深度构造图。

2. 实钻深度校正

受地震资料质量、合成记录制作和层位追踪等因素影响,变速成图后得到的井点处的海拔与井点实际海拔仍有差别。在时深转换得到的各层面构造图上读取井点位置的深度数据,将其与钻井的实钻深度进行对比,进行更精确的深度校正。

由于采用了较精确的层速度,转换数据和实钻数据误差很小,精度较高,可达到精确描述构造的要求。但当地震资料差或者断层影响导致难以准确追踪时,误差将更大,因此需要进行井震校正。井点海拔和地震时深转换后的海拔之间存在差异,部分井的误差达到 10 m 以上。开发后期对构造的精度要求更高,因此井震校正是十分必要的。经过井震校正后,砂组顶界海拔归位到井点实际海拔(图 3-56)。

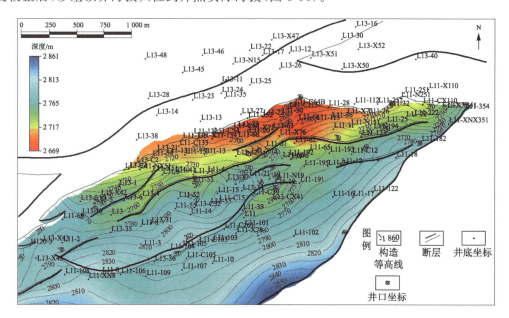

图 3-56　L11 断块砂组顶深度构造图

六、构造特征分析

L11 断块构造相对简单,构造从上到下具有较好的继承性,构造东南低西北高,地层倾角约为 9°。经过低序级断层精细解释,认清了断裂系统的展布,并对断层要素进行了统计。断块整体由北部 L11 断层、南部 H125 断层两条二级断层遮挡而成(图 3-57)。

断块北部被南倾四级断层 F2 切割,中南部被北倾三级断层 F3(L11-8 断层)切割,将断块分为顶部、腰部和底部。断块内部被 6～7 条四、五级小断层切割复杂化。平面上四、五级低序级断层以北东东—南西西向平行式排列,断层倾向以北北西为主,断距 10～40 m 不等,沿断层发育 10 个正向微构造鼻状凸起(表 3-6)。

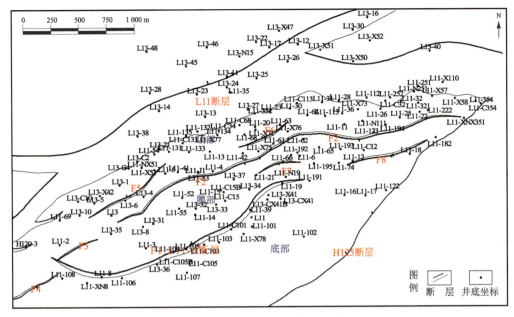

图 3-57 L11 断块平面断层组合

表 3-6 L11 断块构造要素统计

断层名称	断层级别	倾向	倾角/(°)	延伸长度/m	走向方位角/(°)	断距/m	平均断距/m
L11	二 级	WN	70～80	>10 000	NE 75	250～400	350
H125	二 级	WN	55～70	>10 000	NE 63	180～350	270
F1	三 级	WN	40～56	2 413	NE 67	15～50	42
F2	四 级	ES	70～80	2 770	NE 74	20～48	38
F3	五 级	ES	65～80	372	NE 64	15～30	22
F4	五 级	ES	70～85	460	NE 63	10～20	15
F5	五 级	ES	55～70	805	NE 57	15～40	30
F6	五 级	ES	55～65	486	NE 65	15～25	15
F7	五 级	ES	70～85	400	NE 75	10～25	15
F8	五 级	ES	45～65	650	NE 76	5～20	10
F9	五 级	ES	55～70	470	NE 94	5～15	8

七、低序级断层对油田开发的影响

低序级断层的存在对油田后期开发井网的调整部署有很大影响。精细构造解释断层的精度可达到断距 8 m 左右、延伸长度 200 m 低序断层识别。断裂系统复杂,低序级断层状况不清楚所导致的油水井注采关系不完善,会导致开发上的诸多问题,因此通过对低序级断层进行精细解释,可落实断裂系统的展布,可清晰地在此基础上进行下一步工作。

低序级断层可封闭或开启,并且同条断层在不同区间封闭性能不同。只有封闭的断层影响注水开发。L11断块之前未进行系统精确的低序级断层刻画,断块内部低序级断层落实程度低。通过低序级断层的精细解释以及开发动态验证分析,可分析低序级断层对开发注水的影响。

L11-123井和注水井L11-11井的Es$_2$7砂组对应较好(图3-58)。L11-11井目前日注水300 m^3,但是L11-123井一直注水不见效。在精细低序级断层精细解释后则可解释这一现象,图3-59(a)为重新进行低序级断层解释后的结果,可见新断层解释结果重新确定了原L11-123井毗邻的南部小断层延伸位置。该断层实质为贯穿全区北东东向的四级断层F2,延伸长度到2 km,断距10~40 m不等,并且这条断层在不同区间封闭性不同。该断层在这一地区是封闭的,对注水开发产生影响。同时,这一油水关系也验证了断层解释的准确性。

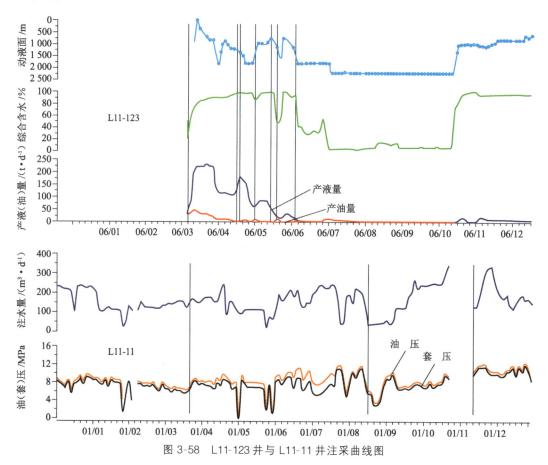

图3-58　L11-123井与L11-11井注采曲线图

同样,对断层F2在图3-59(b)位置的相关注采井进行分析,注水井L11-21井、L11-14井每天注水200~400 m^3,但油井L11-13井的采液量相对稳定,无太大的起伏变化(图3-60)。由此认为L11-14井→L11-13井→L11-21井之间的断层封闭,对注水开发有明显的分隔作用,影响了注水开发效果。

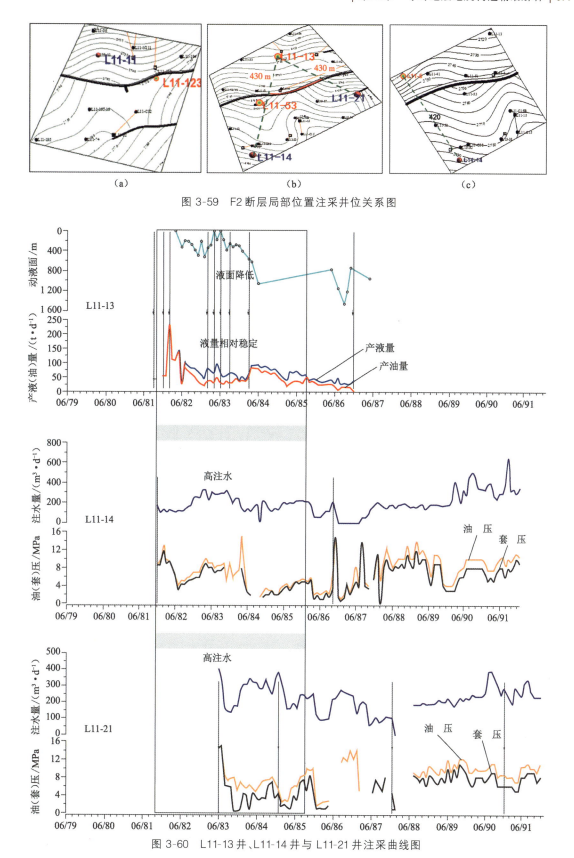

图 3-59　F2 断层局部位置注采井位关系图

图 3-60　L11-13 井、L11-14 井与 L11-21 井注采曲线图

而同一断层 F2 在局部区域是开启的(图 3-59c),其对注水开发不造成影响。L11-5 井投产初期动液面略有下降趋势,后期动液面有上升趋势,分析认为其受 L11-14 注水井 影响,两井之间断层不封闭(图 3-61)。

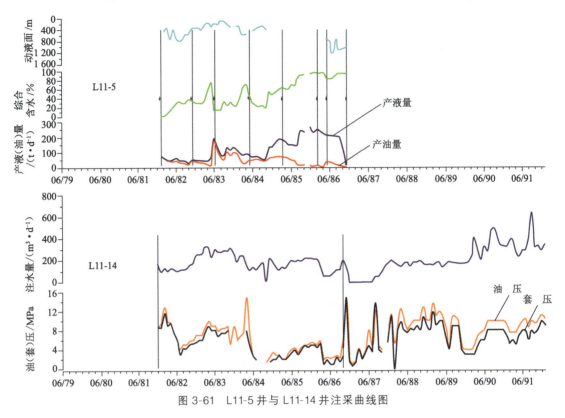

图 3-61　L11-5 井与 L11-14 井注采曲线图

另外,在图 3-62 所示的小层平面图中上下(顶部与腰、底部)的油水界面不同(油水边界的海拔不同),这种情况一般由岩性和断层作用形成。经低序级断层解释,验证为断层封闭影响。

总之,在老油田开发调整阶段,低序级断层的存在有重要影响。对其精细准确的解释是剩余油研究的重要保障。低序级断层的解释需要以原始地震剖面横向追踪为基础,利用多种技术手段及方法,联合不同显示方式,如相干体、瞬时相位体属性检测、纵横切片检查,以及倾角、曲率等多种属性验证,井震结合,约束断面刻画,反复对比分析,进行剖面、平面到空间的精细描述,交互验证。同时,低序级断层精细解释的另一重要工作是以开发过程中油水关系的验证为指导,进一步提高地震解释及预测精度,满足生产需求。

通过对低序级断层的精细解释以及开发过程中动静结合的综合研究,在此对开发后期断块油田尤其是断裂系统复杂的油田提出以下一些建议:油田井网调整及部署的工作要建立在低序级断层解释精确、组合关系清晰的基础上,强调低序级断层对注水开发的影响,依实际情况适当调整油水井别,提高开发效率;同时,对于连通性好的单砂体,当存在水井大量注水时油井仍产液较低等油水关系不符的情况时,可以建立完善低序级断裂系统的解释,经综合分析调整井网部署方案。

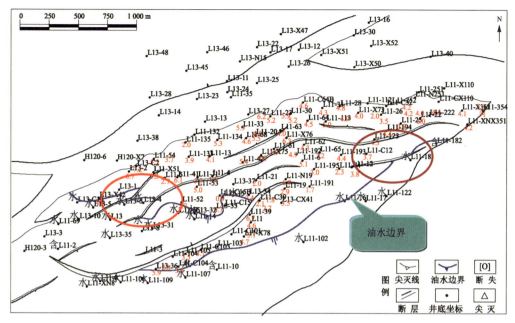

图 3-62 L11断块 Es_27-4 小层油水边界图

通过开发与地震解释技术手段的合理结合,使得开发工作在低序级断层断裂情况清楚的情况下得到有效推动。在 L11 断块新发现了一些低序级断层,为研究区块的动静态分析提供了有力依据,并解决了一些长期困扰开发的问题,进一步提升了断块油藏的开发水平及效益,可为相似地区研究提供经验和帮助。

第四章
等时单元地震储层预测

储层分布预测是认识油气藏、指导油气藏勘探开发的重要基础。地震储层预测技术是将储层认识由井点推向空间不可或缺的手段。长期以来,地震地层界面穿时和薄层地震识别两大问题制约了地震储层预测的可靠性和精度。在等时地层单元内,将地质模式的指导与地震储层预测技术相结合,使地震储层预测成为真正的地震-地质融合研究方法,而不是单一的地震技术,这是井间储层分布预测的有效方法。本章在前述章节等时地层识别与解释的基础上,结合实例介绍常用的地震储层预测方法。

第一节 地震储层预测技术发展

20 世纪 60 年代末出现的"亮点"技术使人们意识到地震数据不只是用来进行构造解释的,还包括了其他很多有用的信息。随着地震数据采集、处理、解释技术水平的提高和计算机技术的飞速发展,地球物理学家们陆续从地震数据中提取出对地质体有反映的多种地震属性,主要分为振幅、频率、相位和极性四大类,其中振幅、频率和极性都有明确的地质意义,都可以用来研究地质问题。90 年代以来,相干数据体技术、振幅方差体技术等随着计算机技术和全三维可视化解释技术的发展而得到广泛应用。近年来,随着 AVO 技术的发展,叠前地震属性也受到越来越多的重视。

地震反演技术是进行储层预测的一项重要技术。20 世纪 60 年代到 70 年代,基于连续模型的 BG(Backus-Gilbert)反演理论的出现奠定了地球物理反演理论和方法的建立基础;到 80 年代,地震储层反演理论的研究取得重要进展,逐渐开始研究波动方程系数项反演问题。由于在油田实际勘探开发过程中取得了越来越多的成功,波阻抗反演技术逐渐受到业界的关注。80 年代中后期,随着地震采集处理方法技术的完善,地震资料的信噪比和分辨率等得到了很大的改善,其中模型波阻抗反演技术成为最具代表性的技术。各类商业化软件(Jason,ISIS,Sislog,Strata 等)的成熟极大地方便了地震反演技术在油田实际生产以及科研领域的应用。90 年代中期,为了解决噪音消除问题,有学者提出了融合宽带约束反演与递推反演的方法。Yarus 和 Chambers 等于 1994 年,Shanor 于 2001 年分别发表了地质统计学反演的方法原理和应用实例,到现在已经取得了快速的发展并形成了一些商业化的软件模块(如 Jason 软件的 StatMod 模块)。近年来,一些新的反演方法和思路不断涌现,如分频波阻抗反演,即在反演过程中把地震资料分成几个特定的频率段,采用岭回归法对频谱分解之后的特定频率段数据展开反演。随着叠前地震资料的应用,叠前反演方法、技术也在不断完善,并在一些油气田勘探开发中取得了较好的效果。

第二节　常用地震储层预测技术

一、地震属性分析

地震属性指的是由叠前或叠后的地震数据,经过数学变换导出的有关地震波的几何形态、运动学特征、动力学特征和统计学特征的物理量(刘喜武等,2006)。其中,常用地震波的几何学属性进行地震地质解释。

地震属性建起了地震信息与地质分析之间的桥梁,是一种常用的岩性预测方法。在各种沉积环境的分析研究中都用到了地震属性分析技术,且普遍取得了不错的效果。目前该方法已经基本形成了一套完整的方法和工作流程。随着信号分析理论的不断发展以及地震资料在油气勘探开发中应用的不断深入,新的地震属性不断涌现。这些地震属性有些是具有物理意义的地震信号某一特征量的度量,有些是多种地震属性数学运算的结果。目前能从地震资料中获取的地震属性已多达 200 多种,常用的有振幅、波形、衰减、相关、频率、相位、比率等几大类,这些属性都是地层组合关系及岩性、物性、内部结构特征和流体性质的综合响应。在特定的地质背景下,这些地震属性往往和地层的某些特性有敏感的响应关系。利用地震属性预测储层特征,一方面需要对地震属性的计算过程及物理意义有确切的认识,另一方面需要对实际研究区地质背景有相当的了解。在此基础上,通过敏感地震属性的提取及地质标定,就可以利用具有地质意义的地震属性来表征储层的发育特征,从而达到储层预测的目的。

地震属性分类方法很多,常用的分类方法有以下 5 种。

(1)振幅统计类:最常用的一类属性,主要用来进行岩性解释,根据振幅调谐原理预测砂岩厚度,分析层序地层,描述储层孔隙度变化以及预测流体。

(2)复地震道类:运用 Hilbert 变换对地震信号进行处理,一般用来分析流体特征、地层层序,预测特殊地质体,分析调谐效应等。

(3)频谱统计类:通过分析地震振幅能量强弱和频谱的变化特征来预测裂缝发育,分析由频率衰减和调谐效应引起的子波频谱变化。

(4)层序统计类:进行地层层序划分,分析能量变化特点,识别地层岩性变化,分析储层是否含油气。

(5)相关统计类:分析道与道之间的相关性,进行岩性尖灭点、断层的识别。

一般情况下,不同地区不同储层地震属性的敏感程度都是有差异的,需要对属性进行选择,优选出其中对研究区目的层地质体适合的属性。首先对地震属性进行初选,然后建立地震属性与砂体之间的联系,分析相关性。优选出相关性最大的单一属性进行沉积微相平面分布的表征(李斌等,2009)。但是对于地质现象较为复杂多变的情况,单一属性无法全面地表征沉积微相的分布,因此要运用多属性优化的方法来呈现沉积微相的平面分布。

原始地震数据是由几个相邻薄互层的反射子波相互叠加而成的,地震属性是在一个相对等时的时窗范围内运用特定的数学算法对地震信息进行计算,所以时窗的设置是影响属性效果的重要因素。以追踪的小层的顶底为时窗界限,在小层内部提取属性。

地震属性与储层参数(如孔隙度、渗透率等)也存在一定的关系,下面以渗透率为例介绍地震属性预测渗透率的理论基础。

1. 利用地震资料预测渗透率的理论基础

根据地震波在双相介质中的传播理论,可以把地震记录和双相介质物理参数的关系表达为:

$$U = L(\phi, K, \eta, b, \rho_s, \rho_f, A, N, Q, R, \cdots, f, t) \tag{4-1}$$

式中　U——地震记录;

　　　ϕ——孔隙度;

　　　K——渗透率;

　　　η——流体黏滞系数;

　　　b——衰减系数;

　　　ρ_s——固体颗粒骨架密度;

　　　ρ_f——流体密度;

　　　A, N, Q, R——双相介质弹性参数;

　　　f——震源函数;

　　　t——时间。

渗透率 K 与孔隙度 ϕ、衰减系数 b 和流体黏滞系数 η 之间具有如下关系:

$$b = \eta\phi/K \tag{4-2}$$

根据此理论,利用地震数据可以进行渗透率的预测。

2. 综合地震属性优化和函数逼近法预测渗透率

根据地震波在双相介质中的传播理论,渗透率的大小在一定程度上控制着双相介质的物理参数。据此,由式(4-1)可知,水平叠加处理后一道地震记录中的一段数据 $x(t)$ 满足:

$$x(t) = h(K, \cdots) \tag{4-3}$$

由于地震数据 $x(t)$ 是已知的,可以从式(4-3)中求得渗透率 K,即

$$K = y(x, \cdots) \tag{4-4}$$

可以看出,当所研究的储层中除渗透率之外的其他物理参数不变时,可以根据该式求得渗透率。但实际情况是储层的所有物理参数都是在变化的,因此渗透率的求取就存在不确定性。为了减少这种不确定性,可以从地震数据 $x(t)$ 中提取属性,且所提取的属性 $\alpha_i (i=1,2,\cdots,D)$ 应该是对渗透率比较敏感的。这里 α_i 可表示为:

$$\alpha_i = z_i(x) \qquad i = 1, 2, \cdots, D \qquad (4\text{-}5)$$

式中　D——所选属性总数；

　　　z_i——第 i 个属性的变换。

据此，可以把渗透率 K 与 $x(t)$ 的函数关系转化为渗透率 K 与属性 α 之间的关系，即

$$K = e(\alpha_1, \alpha_2, \cdots, \alpha_D) \qquad (4\text{-}6)$$

式中　$e(\alpha_1, \alpha_2, \cdots, \alpha_D)$——关于 α 的映射关系。

从以上公式可以看出，地震属性与渗透率之间的关系是很复杂的，并没有明确的转换关系。此外，渗透率是地震属性的多值函数，只有借助函数逼近法，建立多个地震属性与渗透率之间的关系，才能降低渗透率预测的不确定性。

二、储层地震反演

由地下地质信息得到地震反射记录的过程称为地震正演；由地震反射记录获得地下地质信息的过程称为地震反演。

地震勘探的理论基础在于，地下不同地层的波阻抗特征是不同的，当地震波在地下传播过程中遇到具有不同波阻抗特征的地层界面时就会产生反射而形成地震反射波，即地震反射波的产生来源于波阻抗的差异。根据地震反射记录求得地层波阻抗的过程称为地震波阻抗反演。李庆忠院士说过："拿到地质人员手中的地震资料应当是经过反演得到的波阻抗体。"因为波阻抗与地震记录之间存在最直接的联系，所以地震地质研究最直接的手段就是波阻抗反演。

地震反演的方法有很多种，按照反演所使用的地震资料类型可分为叠前地震反演和叠后地震反演；按照反演实现方法可分为道积分反演、递推反演和基于模型的反演。

叠前地震反演主要是指 AVO 反演，通过叠前地震反演可以直接获得岩石的密度、横波速度、纵波速度、泊松比等。叠前地震反演较叠后地震反演的优势在于所使用的资料是未经叠加的保留了大量信息的地震资料，缺点是不稳定。叠后地震反演虽然有先天不足，但是技术比较成熟，是目前储层预测的核心技术。

道积分反演是一种直接反演方法，由于缺少井资料的约束，得到的只是地层的相对波阻抗；递推反演是由原始地震记录估算地层的反射系数和波阻抗，测井资料起到标定的作用；基于模型的反演是在给定一个初始波阻抗模型的基础上，通过正演得到合成记录，与实际地震资料进行对比，并且不断修改初始模型，直到合成记录与实际地震道之间的残差最小，从而得到最终的波阻抗模型。基于模型反演的关键在于建立一个符合地质规律的初始波阻抗模型。

根据不同反演的特点和研究区的实际情况，可以采用不同的反演方法：约束稀疏脉冲反演是从勘探到开发都适用的反演方法，它忠实于地震资料；地质统计学反演是在钻井较多的情况下加入先验地质认识的反演，同时遵从测井资料和地震资料，具有较高的纵向分辨率，不仅可以得到地层波阻抗，还可以反演出与波阻抗有一定联系的储层参数，如孔隙度、泥质含量等。这两种反演方法的结合就目前来说是一种比较合理的选择。

1. 曲线重构

近些年来,地震反演技术已经成为储层预测、油藏描述中的一项重要技术。而反演结果对储层分辨能力的先决条件是储层与围岩的声波特征差异或者波阻抗特征差异。当声波曲线或波阻抗曲线不能有效区分岩性时,直接利用声波曲线和密度曲线进行波阻抗反演就很难达到储层预测的要求,最常用的一种解决方法就是采用曲线重构技术。因为不同电测曲线是从不同侧面反映同一岩石的物理性质,因此存在相关性和差异性。差异性反映物理性质不同,相关性则意味着可以重构。一般来说,重构的方法有以下 4 种:一是常规的测井曲线校正,主要是考虑到声波测井资料会受到井孔环境和测井周期等的影响,声波测井曲线不能正确反映储层与围岩的速度或者波阻抗差异,需要根据其他测井资料对其进行校正;二是通过经验公式转换或者拟合关系进行转换,最常用的是声波曲线与密度曲线之间的转换公式(Gardner 公式)以及把电阻率曲线转换成声波曲线的 Faust 公式等,这些公式都有一定的适用条件,比如 Faust 公式必须要求声波曲线与电阻率曲线之间有很好的统计关系;三是信息统计加权,该方法是把电阻率、自然电位、自然伽马等曲线按照声波测井曲线的量纲进行重新刻度,然后分别赋予它们一个权重,在声波测井曲线的基础上进行加权,这样就把对地层岩性变化反映敏感的测井曲线转换成了拟声波曲线,重构之后的曲线既能反映波阻抗和地层速度的变化,又能反映地层的岩性;四是基于小波变换的重构技术。此外,还有很多其他方法,比如基于 BP 神经网络技术的曲线重构方法等。

2. 约束稀疏脉冲反演

约束稀疏脉冲反演(Constrained Sparse Spike Inversion,CSSI)的算法是基于这样的假设:地下的强反射系数是稀疏分布而不是连续分布的。

约束稀疏脉冲反演是以地震为主的反演,主要流程包括合成记录、子波提取、初始波阻抗模型的建立等(图 4-1)。

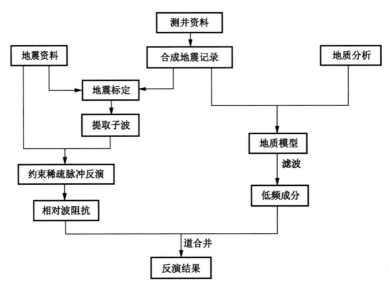

图 4-1 约束稀疏脉冲反演流程图

反演是一项综合性的工作,准备数据时需要对测井资料特别是声波、密度测井资料进行标准化,以消除仪器、测量时间等造成的不同井之间的系统误差;合成记录过程不但是为了获得一个好的井震匹配关系,更是为了得到一个好的子波;初始波阻抗模型的建立必须要有精细解释的层位,而且一定要符合地质规律,特别是在地层厚度相差较大且地层内部之间没有解释层位时,必须在沉积模式的指导下构建合理的地质模型,比如采用地层切片的原理先内插出符合沉积规律的一系列具有地质意义的层位,然后用这些层位建立地层框架,进一步生成初始波阻抗模型。准确合理的初始波阻抗模型可以提高约束稀疏脉冲反演及后续地质统计学反演的精度。

3. 地质统计学反演

地质统计学反演也可以称为随机反演,是将地质统计学模拟的思想加入地震反演中,利用地质统计学算法在地震资料的约束下实现储层预测。

1)方法原理

储层参数是空间变化的,可以通过已知的一系列储层参数值,模拟得到三维空间内已知点之外的所有可能的储层参数值。通过已知点的储层参数信息,拟合该参数的变差函数,利用变差函数所提供的变量之间的关系以及变量的空间结构,就可以通过大量的随机模拟得到多个等概率的在空间具有相似统计特性的储层参数体,而且这些结果与已知点的数据具有相同的吻合程度。

地质统计学反演就是基于这样一个原理:利用井点处测量得到的声波阻抗曲线,通过建立变差函数模型,随机模拟得到一系列等概率的三维空间波阻抗体,然后通过对这些等概率波阻抗体的正演得到合成记录,与实际地震资料进行对比,并且根据相关性的大小不断修正模型(模拟出的波阻抗体),直到两者达到一个理想的吻合程度。地质统计学反演通过这种思想把测井、地震、地质资料紧密结合在一起,得到一个既符合井点统计规律又符合地震数据的高分辨率的波阻抗体,还可以通过模拟来反演出与波阻抗存在一定关系的储层参数体,如孔隙度体、泥质含量体等。

2)反演实现过程

A. 数据的地质统计分析

地质统计学反演是在对测井、地质数据的地质统计关系分析基础上的模拟、反演。通过对数据的直方图分析,了解研究区目的层储层参数的概率分布特征,并根据此图把待模拟参数进行正态变换,最后再将反演结果进行正态变换。

B. 变差函数分析

地质统计学模拟是通过建立变差函数来得到三维空间内待求储层参数之间的相关函数。变差函数 $G(x,h)$ 的理论公式为:

$$G(x,h) = \sum \left[Z(x) - Z(x+h)^2 \right]/2 \tag{4-7}$$

式中　Z——区域化变量;

　　x——变程;

h——滞后距。

实际应用中,变差函数是由已知的样品点来估算的,这样得出的变差函数称为实验变差函数。变差函数的 3 个特征值是变程、基台值和滞后距(图 4-2),可以通过理论变差函数的拟合得到。

变程的大小反映了砂体在某个方向上的平均变化尺度或待求储层参数在某一方向上变化的大小,可以在地质统计学模拟或反演中预测砂体的展布方向和发育规模。

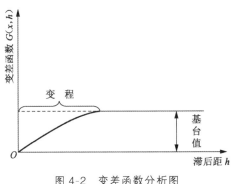

图 4-2　变差函数分析图

C. 理论变差函数的拟合

对井点处获得的储层参数做实验变差函数分析之后,需要用对应的理论变差函数进行拟合,用这些理论模型来实现地质统计学模拟和反演。在不同沉积环境下会得到不同的变差函数散点分布,需要用拟合度最好的理论模型进行拟合。例如,河流相沉积砂体侧向变化快,大多数符合球状或指数变差函数模型;而三角洲前缘砂体分布广泛,沉积稳定,更趋向于符合高斯型变差函数模型。在实际运用过程中,经常遇到用单一的变差函数模型无法达到很高的拟合程度的情况,这时可以适当采用不同的理论变差函数模型套合而成。

在地质统计学反演过程中,通常从测井资料中求取垂向变差函数,而根据地震资料计算水平方向变差函数。因为测井资料具有很高的垂向分辨率,而三维地震资料具有很高的横向分辨率,道间距一般较小(通常为 20～25 m),这样计算的变差函数充分发挥了测井数据和地震数据的优势。合理的变差函数模型在一定程度上会增加反演结果的可靠性。

D. 地质统计学模拟、反演运算

利用地质统计分析得到的储层参数空间变化的变差函数为指导,在地质模型的控制和三维地震资料的约束下进行多次模拟,获得多个等概率的波阻抗体,并且通过正演计算、误差分析和迭代反演计算,获得最终的反演结果。

3)两种不同的地质统计学反演算法

A. 基于序贯高斯模拟算法的地质统计学反演

序贯高斯模拟算法是将三维空间中某区域的已知量(如井点测量值)作为初始模拟条件,通过对已知数据进行地质统计分析得到直方图和变差函数,对待求的未知量(储层参数)进行模拟,将模拟结果看成已知量继续进行下一步模拟,这样可以得到空间分布的连续变量(储层参数)。

在地质统计学反演过程中,通常采用模拟退火的判别方式(图4-3)。

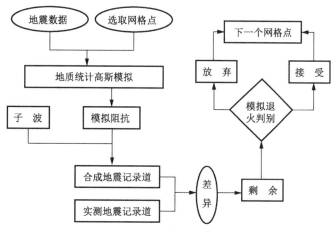

图 4-3　地质统计学反演流程图

B. 基于马尔科夫链蒙特卡罗算法的地质统计学反演

马尔科夫链蒙特卡罗算法(Markov Chain Monte Carlo,MCMC)是一项从复杂概率分布中获取正确随机样本的技术。基于该算法的反演是将约束稀疏脉冲反演与随机模拟算法相结合的一种新的反演算法。

4)地质统计学反演的优越性

与其他反演方法或其他的地震解释方法相比,地质统计学反演是地震地质结合最紧密的一种地震反演或地震地质解释技术。它是在融合钻井资料并在地质模式的指导下,对地震资料进行充分合理利用的方法。它的反演结果具有较高的纵向分辨率,而且与测井数据和地震数据都比较吻合,在解决复杂岩性油气藏储层描述方面明显优于其他地震地质解释技术。

第三节　等时单元地震储层预测实例

储层预测的方法技术有很多,如地震属性应用分析、频谱分解、储层反演等,每一种方法都有各自的适用条件,因此单靠一种方法并不能解决所有问题,必须综合应用。同样,储层预测过程中地震资料的应用只是手段,必须借助地质模式的指导才能取得较好的效果。在本节实例中,储层预测以地震反演为主,并将地震属性作为参考,以达到储层岩性、物性预测的目的。考虑研究区地质和地震资料特点,采用约束稀疏脉冲反演和地质统计学反演两种方法。

一、测井信息预处理

反演是一项综合性的工作,涉及地质、测井、地震等多方面的资料。这里所讲的数据分析主要是对测井曲线的一些预处理工作,包括测井曲线的多井一致性处理和曲线重构。

1. 测井曲线多井一致性处理

测井资料是地震地质解释,特别是建立初始模型的基础资料,绘制测井曲线的工作是基础也是重点。由于测量方式的限制,测井资料容易受到井孔环境(如井壁垮塌、钻井液浸泡等)的影响而产生误差,必须进行环境校正。此外,测井曲线的标准化或一致性处理也是一项必不可少的工作。由于井场仪器刻度不同、测井工程师的经验水平不同、测量的年代不同等原因,不同井间的测井曲线必然存在一定的误差。为了消除这些误差,可使测井信息在整个研究区或全油田范围内具有统一的刻度,提高可对比性。

多井一致性处理的方法大致可以分为直方图法和趋势面法两类。它们的共同依据是:相同沉积环境下,沉积物的岩性、电性特征往往具有相似的特征,即与同一套沉积地层相对应的某种测井曲线响应的概率分布或者累积直方图的特征在研究区内所有井上应该是相同或近似的。不同之处在于:直方图法认为不同稳定地层单元的测井响应在同一研究区内是不随位置变化的,即使变化也仅限于一个很小的区间内;而趋势面法则认为即使是同一标准层,其测井响应也不是完全一致的,往往表现出一定的平面变化趋势。不论采用哪一种方法进行测井曲线标准化,最重要的一点是标准层的选择,其选取应该满足以下几点:① 区域上沉积稳定,有一定厚度;② 作为一个单层或者层组,靠近研究区的目的层;③ 分布广泛;④ 岩性、电性特征明显,利于全区的对比追踪。

以上是常规的标准化流程,但是不能满足储层预测的需求。研究中采用的方法类似于直方图法标准化,但不是简单的平移,而是在保留测井曲线峰态的情况下使不同井上目的层段处的测井值在一个相同或相似的范围内。在大老爷府地区,主要针对 8 口井的测井曲线进行了多井一致性处理,结果如图 4-4 和图 4-5 所示。

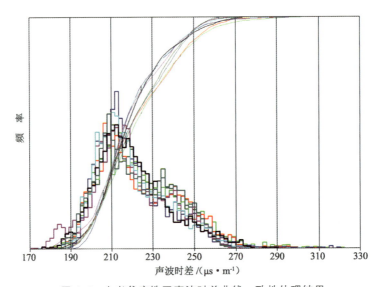

图 4-4 大老爷府地区声波时差曲线一致性处理结果

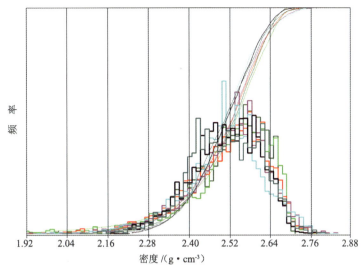

图 4-5　大老爷府地区密度曲线一致性处理结果

2. 测井曲线重构

叠后反演储层预测的理论基础是储层与围岩的声波速度或波阻抗有差异,但是很多情况下储层与围岩的波阻抗差别不大,此时,波阻抗反演结果就难以用来识别储层。在进行反演之前,首先要对测井曲线进行统计分析,了解研究区内储层与非储层的波阻抗特征。波阻抗不能区分两者时,就要采用测井曲线重构处理,得到对储层反映敏感的拟声波或拟波阻抗曲线。

通过对研究区 8 口井的声波曲线进行直方图统计分析,发现砂岩与泥岩的声波速度存在差异,但是不明显(图 4-6)。

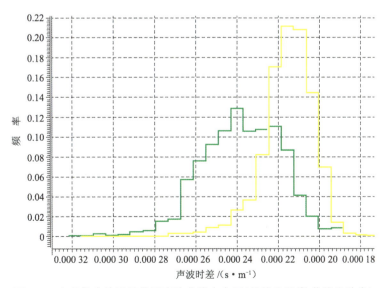

图 4-6　大老爷府地区目的层声波曲线直方图(绿线为泥岩,黄线为砂岩)

为了取得较好的效果,研究中以地质、测井、地震综合研究为基础,针对大老爷府地区的实际地质特点,以储层岩性识别为目的,根据岩石物理理论,采用曲线重构方法得到一条能够很好地区分储层与非储层的拟声波曲线(图 4-7 和图 4-8),并将该曲线应用于约束稀疏脉冲反演和地质统计学反演。

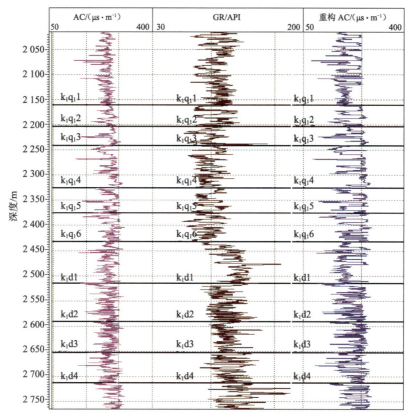

图 4-7 Ls1 井声波曲线重构

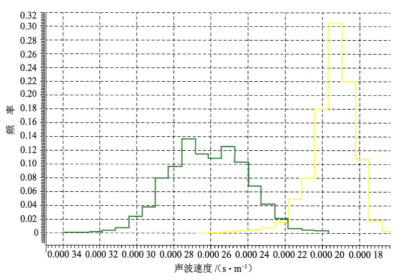

图 4-8 大老爷府地区重构声波曲线直方图(绿线为泥岩,黄线为砂岩)

　　在进行曲线重构的过程中要遵循以下几点:一是要充分了解研究区储层地质特征,在岩石物理学的指导下,参考多种测井以及录井等资料,寻找它们与声波曲线的内在联系,选择合适的曲线、合适的方法进行储层特征曲线重构,使重构的曲线能较好地反映岩性;二是重构的曲线不能改变原始曲线的变化特征,比如重构之后的声波曲线要保留原始曲线所反映的压实特征,即随深度增加声波速度有增大的趋势;三是用重构之后的声波曲线做合成记录,相关性不应该有太大的变化。

二、井震标定及子波提取

　　构造解释对时深关系的要求与反演不同,要得到一个合理的反演结果,必须有精确的井震关系,因此必须反复调整合成记录(图4-9),并且在精确井震标定的基础上提取子波。

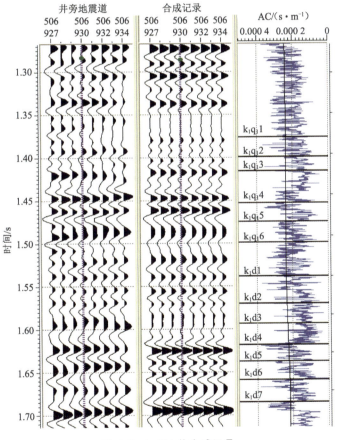

图 4-9　Ls101 井合成记录

　　在得到一个精确的井震关系之后,需要从每口井的井旁道提取一个子波,将该子波用于后面的反演,子波的好坏影响到反演结果的质量。子波提取需要遵循 3 个原则:一是提取子波的长度不能太短,至少为子波长度的 3~5 倍;二是子波的长度一般为 100~200 ms,视地震资料的主频而定;三是提取的子波要与地震频带宽度一致,而且在有效频带内子波相位要稳定。

图 4-10 所示为 Ls101 井提取的子波。从图中可以看出,子波形态为单峰,在主频范围内相位变化不大,基本保持稳定,而且子波的频谱与目的层段地震资料频谱一致,说明其是一个较好的子波,可以用到全区开展反演。

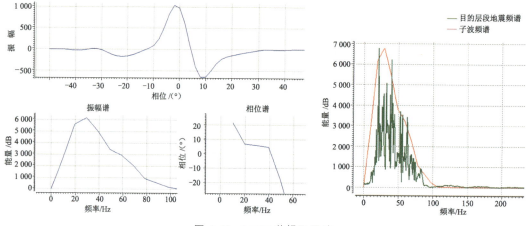

图 4-10　Ls101 井提取子波

三、初始波阻抗模型

波阻抗模型的建立是将地质观念加入反演过程的一个重要体现。道积分反演和递推反演只是对地震资料的处理,并没有考虑其地质意义。而地震资料记录的是地震波对地下地层界面的反射,因此只有在符合地下地质模型的框架内进行反演,才能得到合理的反演结果。

初始模型的精度取决于地震层位解释的精度,建模过程中需要注意层位的接触关系。研究区建立的地层模型及初始波阻抗模型如图 4-11 和图 4-12 所示。

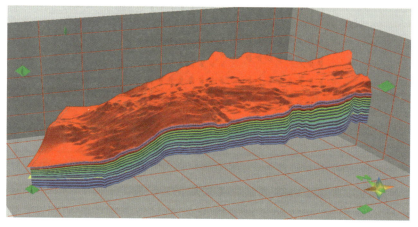

图 4-11　大老爷府地区地层模型

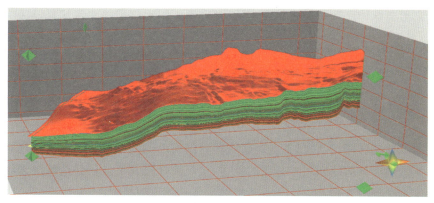

图 4-12　大老爷府地区初始波阻抗模型

大老爷府地区初始模型建立的关键或者说难点在于如何定义好层与层之间的接触关系。登娄库组和泉头组一段地层处于不同的盆地演化阶段。其中,登娄库组沉积时期处于断陷、拗陷转换阶段,地形起伏大,构造对沉积的控制作用明显,整体上处于填平补齐阶段,地层厚度变化大,在鼻状构造的高部位地层发生超覆,因此登娄库组内部的地质层位并不是平行的,这时应该采用地震沉积学中地层切片的方式来构建登娄库组的地层格架;泉头组一段处于拗陷期,地形平缓,整个研究区地层厚度变化不大,其内部的地质层位界面近似于平行,可以采用平行于顶面的层间接触方式来建立泉头组一段地层框架模型。

四、约束稀疏脉冲反演

在约束稀疏脉冲反演过程中,关键是反射系数(阻抗)与地震数据匹配的平衡因子 λ 的选取。合理的 λ 值应该既能保证合成记录与地震资料较高的相关性,又能保持反射系数的稀疏性。

约束稀疏脉冲反演是忠实于地震资料的反演,虽然较常规地震资料分辨率有一定提高,但是总体来看反演结果对厚砂岩反映明显,对一些薄层的砂体则无法识别(图 4-13)。

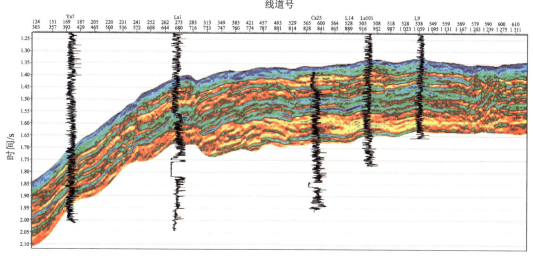

图 4-13　大老爷府地区目的层段约束稀疏脉冲反演结果

由约束稀疏脉冲反演结果可以看出:下部登娄库组地层砂体非常发育,呈砂包泥的特征,属于典型的辫状河沉积;上部泉头组一段地层内部砂岩与泥岩呈互层沉积,反映了曲流河的沉积特征。

五、地质统计学反演

完成约束稀疏脉冲反演之后,就对研究区目的层砂体的分布有了一个大致的认识,但是对于一些储层细节问题和一些薄层的砂体,该反演结果并不能很好地解决,因此在约束稀疏脉冲反演结果的基础上应进一步开展地质统计学反演研究。

地质统计学反演的优势在于充分利用测井资料的垂向高分辨率,并且加入已有的地质认识,其过程主要体现在变差函数的求取上。目前较为成熟的地质统计学反演方法是基于序贯高斯模拟的地质统计学反演,不仅可以得到储层岩性的空间展布特征,而且可以反演出与波阻抗关系的储层参数,如孔隙度等。

1. 地质分析及变差函数求取

在进行地质统计学模拟及反演之前,必须先获得波阻抗和储层参数的地质统计学参数——直方图和变差函数。由于研究区井数较少,根据测井资料求取横向变程时会因统计关系不强而导致横向变程不可靠,所以下面只根据测井资料来获得波阻抗和储层参数的纵向变程。之前约束稀疏脉冲反演得到的波阻抗体大致反映了砂体的展布范围或地质体的大小,因此可以根据具有横向高连续性的反演波阻抗体来求取横向变程。

研究区目的层段登娄库组和泉头组一段厚度约 500 m,纵向跨度大,而且处于断坳转换期的登娄库组和处于坳陷期的泉头组一段发育的沉积相类型不同,其中登娄库组主要为辫状河沉积,泉头组一段主要为曲流河沉积,所以应分别对它们求取变差函数。但是泉头组一段和登娄库组内部的各砂组沉积特征比较类似,同时考虑到井数较少的情况,在登娄库组和泉头组一段内部分别只用一套变差函数。

从 Ls101 井综合柱状图(图 4-14)中可以看出,泉头组一段整体上表现为砂包泥特征,砂岩较薄,而登娄库组呈泥包砂特征,发育厚层砂岩,因此对登娄库组和泉头组一段使用一套变差函数是合理的。另外,泉头组一段内砂岩的平均厚度大约为 6 m,而登娄库组内砂岩的平均厚度大约为 8 m,这在一定程度上决定了泉头组一段和登娄库组内地质体的垂向变程存在差异,因为变程的大小反映的就是地质体在某一方向上变化的尺度。

由于采用曲线重构做法之后,波阻抗对砂泥岩的区分性变好,因此可以根据反演波阻抗体对岩性进行解释。分别对泉头组一段和登娄库组地层的砂岩、泥岩的波阻抗以及岩性计算相应的垂向变差函数(图 4-15 和图 4-16),并采用指数模型对这些垂向变差函数进行拟合。

对垂向变差函数的拟合结果进行分析可知,泉头组一段砂岩的垂向变程大约为 7 m,登娄库组砂岩的垂向变程大约为 9 m,与垂向上沉积环境的变化尺度一致。

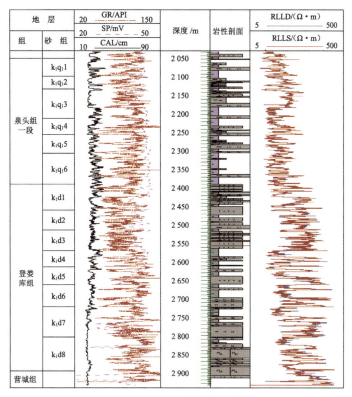

图 4-14　Ls101 井综合柱状图

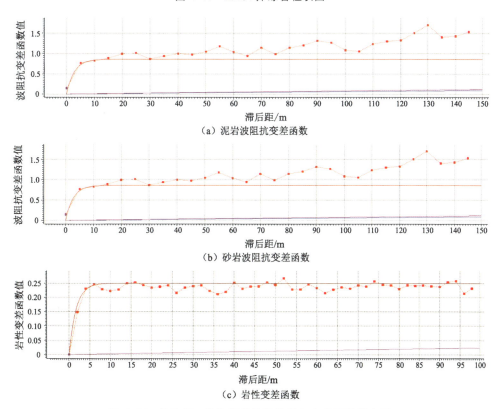

（a）泥岩波阻抗变差函数

（b）砂岩波阻抗变差函数

（c）岩性变差函数

图 4-15　泉头组一段波阻抗及岩性垂向变差函数拟合图

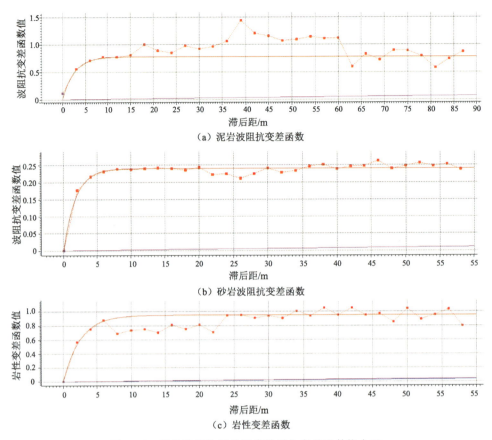

图 4-16 登娄库组波阻抗及岩性垂向变差函数拟合图

对于横向变程的求取,仅仅根据井点数据的统计分析难以取得理想效果,同时由于在地质统计学反演中变差函数只起软约束的作用,故不用求得非常准确的变差函数,因此可以根据约束稀疏脉冲反演得到的波阻抗体大致估算一个横向变程。采用的方法是分别在泉头组一段和登娄库组沿层提取波阻抗属性(图 4-17 和图 4-18)。

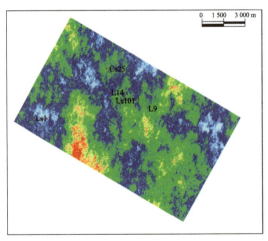

图 4-17 泉头组一段 6 砂组平均波阻抗属性

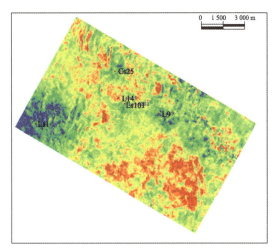

图 4-18　登娄库组 2 砂组平均波阻抗属性

通过对泉头组一段和登娄库组波阻抗属性的提取可以看出,登娄库组砂岩更为发育,平面上具有很好的连续性,而泉头组一段砂体相对不发育,与地质静态模型一致,据此可以给出一个粗略的横向变(«;通过对泉头组一段内其他砂组属性的提取发现,砂体的展布特征比较相似,登娄库组内的情况也是如此,这也说明了对泉头组一段和登娄库组采用一套变差函数是合理及可行的。

在地质统计学反演过程中,地震资料起主导作用,而将变差函数加入反演中,实际上是用地质认识来指导地震资料的反演,从而真正达到了地震、地质的结合。因此,变差函数的求取也是很重要的一步,需要反复进行试验,并且对模拟结果进行分析。当模拟结果比较符合地质实际时,就可以用该变差函数指导反演,这样既能节省时间,又能得到合理的结果。

2. 地质统计学反演的实现

在求得目的层段波阻抗及岩性的地质统计学参数之后,可以由约束稀疏脉冲反演结果提供岩性概率体约束地质统计学反演,最终得到高纵向分辨率的反演结果(图 4-19 和图 4-20)。

3. 地质统计学反演结果分析

1）与地震资料的相关性分析

不同反演方法采用的算法不同,得到的结果并不完全与地震资料一致。约束稀疏脉冲反演过程忠实于地震资料,得到的结果与地震资料相关性较高;地质统计学反演是在地质认识的基础上,在测井资料和地震资料共同约束下的反演,因此反演结果好坏的评判标准之一就是与地震资料的匹配程度。将对反演结果做正演模拟得到的合成记录与实际地震资料相对比,可以看出大老爷府目的层段的地质统计学反演结果与地震资料相关性很高(图 4-21)。

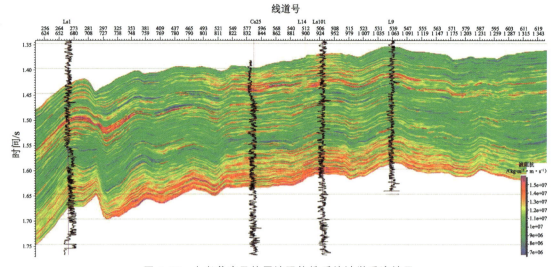

图 4-19 大老爷府目的层波阻抗地质统计学反演结果

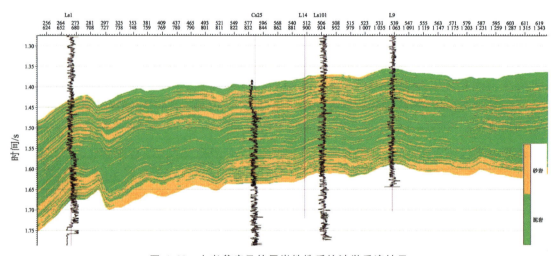

图 4-20 大老爷府目的层岩性地质统计学反演结果

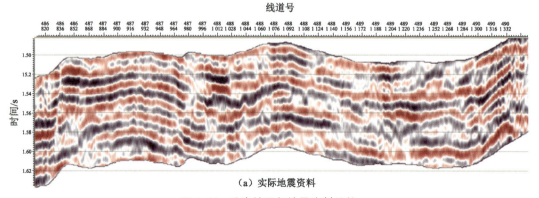

（a）实际地震资料

图 4-21 反演结果与地震资料比较

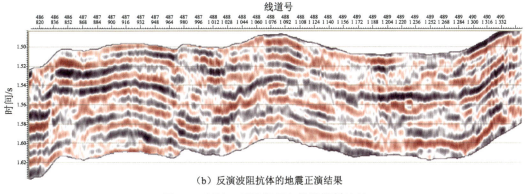

（b）反演波阻抗体的地震正演结果

图 4-21（续） 反演结果与地震资料比较

2）与钻井资料吻合程度分析

地质统计学反演的最终目的是解决地质问题,而钻井资料是对地下地质体最直观的反映,只有当反演结果在井点处与钻井信息对应较好时才能开展全区的反演结果解释,因此两者的吻合程度也是反演结果好坏的判别标准之一。从 Cs25 井和 L9 井的波阻抗反演剖面和岩性反演剖面可知,地质统计学反演结果与钻井信息吻合较好（图 4-22 和图 4-23）。

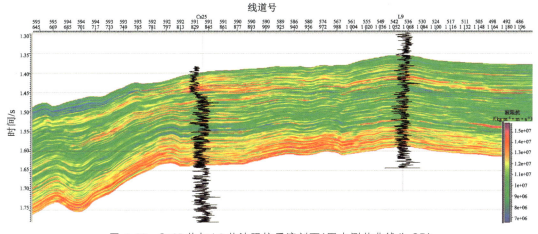

图 4-22　Cs25 井与 L9 井波阻抗反演剖面(图中测井曲线为 GR)

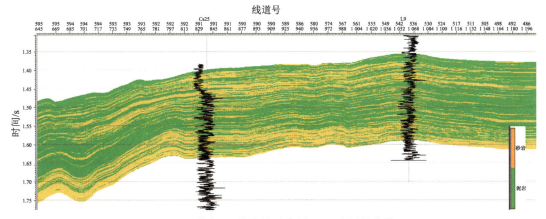

图 4-23　Cs25 井与 L9 井岩性反演剖面(图中测井曲线为 GR)

3）地质统计学反演结果解释

通过地质统计学反演得到的具有高分辨率的波阻抗体与地震资料和钻井信息都比较吻合，而且从整体特征来看，与先前的地质认识也比较吻合（图 4-24），即泉头组一段为曲流河沉积，砂泥岩呈互层发育，登娄库组为辫状河沉积，以砂岩为主，夹薄层泥岩。

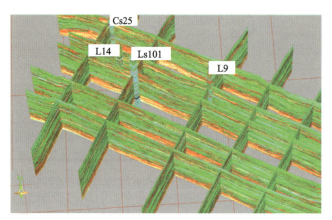

图 4-24　波阻抗反演结果三维显示（泉头组一段顶部至登娄库组 4 砂组反演结果）

地质统计学反演得到的结果是波阻抗体，最终的目的是将其转化成岩性体，进行定量解释。而反演之前已经通过曲线重构方法得到了对岩性变化反映敏感的波阻抗曲线，因此可以根据波阻抗体进行三维岩性解释。

在反演过程中，根据泉头组一段和登娄库组不同的沉积环境背景，采用的方式是分段反演；同样，在反演成果解释过程中，由于泉头组一段和登娄库组沉积特征不同，埋藏深度不同，即沉积和成岩作用不同导致它们的波阻抗特征不同，因此不能采用同一门槛值对其进行解释。通过直方图统计分析也可以看出，泉头组一段和登娄库组砂泥岩的波阻抗界限不同（图 4-25）。分别用这两个门槛值对反演结果进行解释，最终得到储层的空间分布特征（图 4-26）。

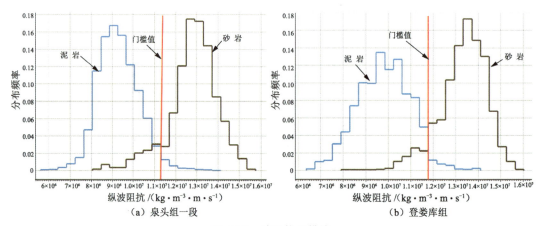

（a）泉头组一段　　　　　　　　　　　　（b）登娄库组

图 4-25　波阻抗门槛值

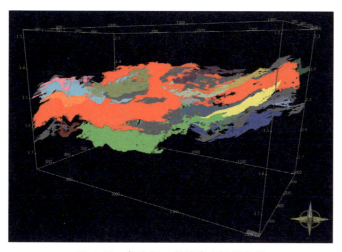

图 4-26 泉头组一段砂岩空间展布图

六、等时单元储层展布特征

1. 岩性分布特征研究

确定门槛值之后,可以得到目的层砂体的空间分布,进一步可以求得目的层砂体厚度等值线图(图 4-27 和图 4-28),与井上砂体厚度相比,吻合度较好。

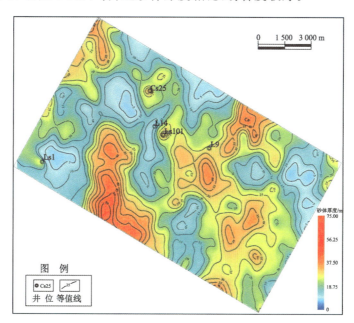

图 4-27 泉头组一段 6 砂组含气井区砂岩预测图

由泉头组一段 6 砂组和登娄库组 2 砂组砂岩厚度预测图可以看出:登娄库组砂岩普遍发育,分布范围广,厚度大,是辫状河频繁改道造成砂体垂向、侧向反复叠加的表现;泉头组一段砂岩厚度较登娄库组变薄,主河道部位砂岩厚度大。

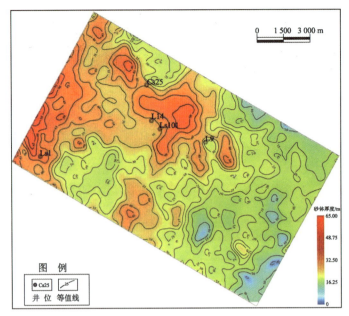

图 4-28　登娄库组 2 砂组含气井区砂岩预测图

泉头组一段 6 砂组砂岩厚度预测结果与井点处钻遇的砂岩厚度比较吻合,整体上也符合曲流河的沉积特点,主河道处砂岩普遍较厚,可达 30 m 以上,例如 Cs25 井、L9 井和 Ls101 井都位于主河道处;而 Ls1 井和 L14 井都位于河道边部,砂岩相对较薄;泛滥平原处的砂体较薄,基本在 10 m 以下。

登娄库组 2 砂组为辫状河沉积,砂岩发育。从预测结果来看,Ls1 井、Ls101 井、L14 井位于主河道上,砂岩厚度较大,在 39 m 以上,而研究区东南角处砂岩较薄,大约只有 10 余米。

2. 物性分布规律研究

通常情况下储层渗透率与纵波阻抗没有较好的相关性,而且受多种因素的影响,渗透率变化特征不像孔隙度那样有一定的规律,所以根据反演结果预测渗透率达不到较好的效果。本实例主要是在对孔隙度预测的基础上来预测储层物性的分布。

根据岩芯分析化验资料和测井资料得到的孔隙度与纵波阻抗进行交会分析(图4-29和图 4-30),可知砂岩内孔隙度与波阻抗有较好的反相关关系,孔隙度越高对应的波阻抗值越低。根据这种关系可以建立波阻抗与孔隙度的关系模型,利用地质统计学反演和协模拟得到孔隙度体,进而分析储层孔隙度的展布特征。

从孔隙度反演剖面图(图 4-31)可以看出,泉头组一段孔隙度明显高于登娄库组孔隙度,与井上孔隙度分析结果比较一致;由反演平面图(图 4-32 和图 4-33)可以看出,孔隙度的分布有一定规律,高孔隙度区域与砂岩发育区比较一致。

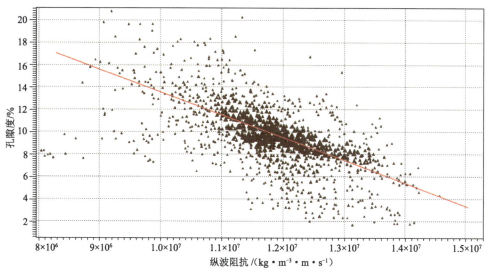

图 4-29　泉头组一段砂岩波阻抗与孔隙度相关统计关系

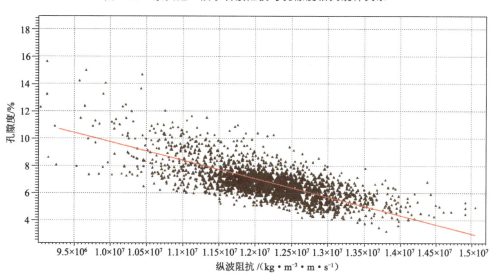

图 4-30　登娄库组砂岩波阻抗与孔隙度相关统计关系

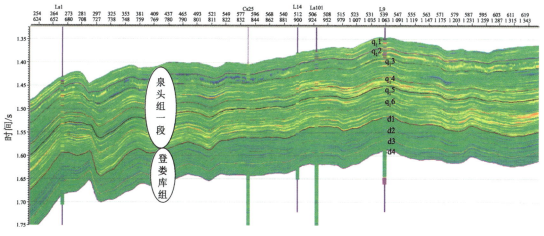

图 4-31　孔隙度反演剖面图

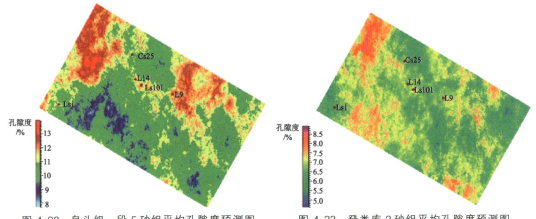

图 4-32　泉头组一段 5 砂组平均孔隙度预测图　　　　　图 4-33　登娄库 2 砂组平均孔隙度预测图

第五章
等时地层沉积相地震解释

等时地层及其沉积相是地震沉积学研究的两个重要内容。实际上,在地震沉积学出现之前地震资料就已经被逐步应用于沉积相研究,但是随着研究对象越来越复杂以及研究精度要求越来越高,迫切需要新的研究方法和技术。本章通过两个实例分别介绍利用地震沉积学技术识别不同期次浊积扇体以及海上油田开发阶段沉积微相精细刻画的方法。

第一节　陆上成熟探区地震沉积学研究实例

一、研究区地质背景

典型研究区 H146 块位于东营凹陷中部,中央隆起带西段,构造位置处于郝家鼻状构造的南翼,隶属现河庄油田,东北、东南分别与东辛油田、牛庄油田相邻,西北、西南分别与郝家油田、史南油田相邻(图 5-1)。

研究区所在的中央隆起带位于东营凹陷的深陷区,是由陈南大断层活动所产生的逆牵引作用及沙四段—孔店组盐拱作用等形成的古近系大型褶曲构造,整体上表现为"东高西低、南高北低"的构造格局,主要位于中央断裂背斜带西翼,全区被两条 3 级断层所夹持,即洼陷与背斜带的分界断层 H125 断层(为北东东走向)以及背斜带北部的 H4 断层(为近东西走向)。两条断层的共同特点是北断为主且断距较大,对沉积起控制作用。

早期东营三角洲自东南向西北推进,当推进到 H143—H146 井一线时,随着水体变深、坡度变陡,三角洲前缘的砂体在陡坡带边缘产生滑塌,沙三中亚段沉积时期在 H146 地区形成滑塌浊积扇体。扇体受三角洲沉积和古地形低洼区双重因素的影响,前积特征明显,在某些位置呈透镜状分布。

沙三中亚段埋深为 2 800～3 200 m,地层厚度约为 400 m。从岩性特征分析,研究区在沙三中亚段沉积时期为一套灰色、深灰色泥岩夹粉、细砂岩沉积,砂岩油浸显示;从沉积构造特征分析,研究区发育有平行层理、斜层理、斜波状层理和变形层理,并可见少量钙质团块和炭屑。

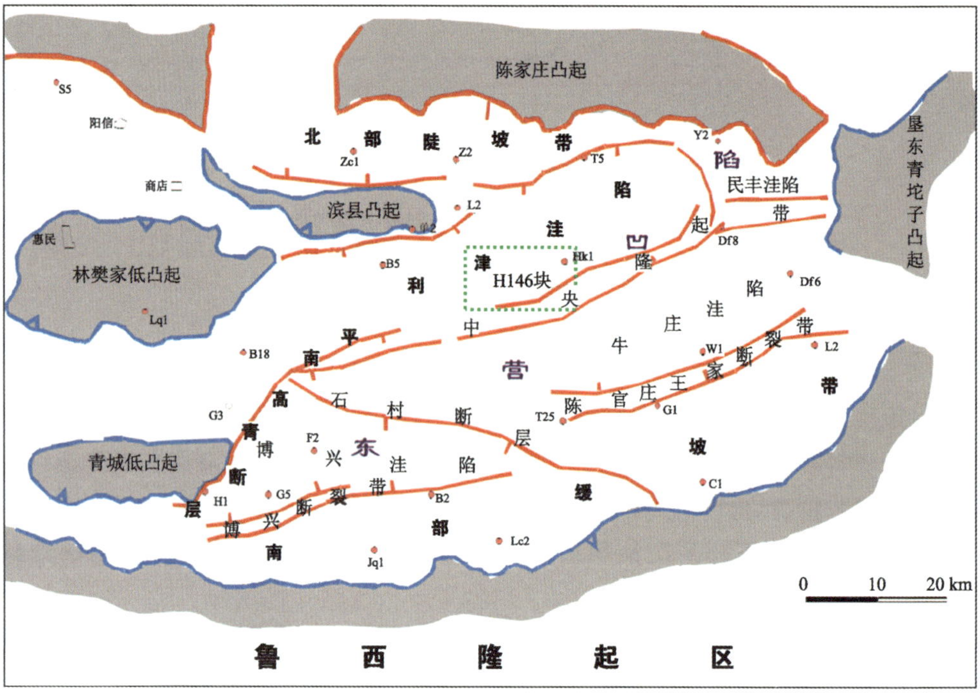

图 5-1 H146 块构造位置示意图

二、滑塌浊积扇体成因

现河庄地区位于东营凹陷中部的中央隆起带,根据区域岩相古地理研究成果,沙三段沉积时期是湖泊发育的鼎盛时期,沉积环境为深湖、半深湖相,厚层的暗色泥岩极其发育,在暗色泥岩内部发育有多期浊积扇体,主要位于三角洲前缘的斜坡带和湖盆陡坡一侧的深水区域。

纵向沉积特征表现为"砂泥互层"的特征。位于坡度变陡位置的三角洲前缘席状砂或者河口坝,在重力或者其他外力的作用下发生滑塌,通过一段距离的滑动,在坡脚或者湖盆底部等地势低洼处重新堆积。滑塌浊积岩总体上沉积物粒度较细,主要为粉砂岩和细砂岩,在成分和结构上与三角洲前缘沉积砂体的原始组分具有继承性。

从沉积物供给分析,沙三中亚段沉积时期由于构造活动强烈,产生的大量碎屑为三角洲沉积提供了充足的原始沉积物质。随着沉积物不断输入和三角洲不断发展,三角洲前缘砂体不断加积,厚度不断增厚并向前推进,当其推进区域的坡度达到一定角度时,在外力作用下发生滑塌,形成滑塌沉积。

三、滑塌浊积扇体测井特征

无水道型浊积扇体直接覆盖在斜坡上,是滑塌作用的产物。该类型浊积扇体主要由扇核和扇缘部分组成。不同微相类型的具体相标志和测井曲线特征见表 5-1。

表 5-1　测井相特征

亚　相	微　相	岩性及电性特征	测井曲线特征(SP)
无水道型 浊积扇	扇　核	岩性以粉细砂岩为主,自然电位曲线呈中、高幅指状,厚 1.5～6 m	
	扇　缘	岩性以粉砂岩、粉砂质泥岩为主,自然电位曲线呈低幅指状、漏斗形,厚 0.5～2 m	

由于测井曲线的形状可反映出沉积物粒序和水流能量的变化,由此可知,扇核部分 SP 曲线数值比扇缘部分高,表明扇核沉积物粒度大于扇缘。此外,曲线的光滑程度与物源、能量有关,扇核部分的形成为高能环境,物源充足,扇缘部分能量和物源都相对较弱,是间歇性沉积的产物。

根据前人研究成果,H146 井岩性以粉砂岩、细砂岩、粉细砂岩、泥质粉砂岩为主,粒度较细,含油砂岩主要为棕褐色、灰黄色。在沙三中亚段沉积时期 2 砂组和 3 砂组主要发育无水道型滑塌浊积扇体。

综合岩性、电性等方面的特征,对 H146 井沉积相在垂向上的变化规律进行总结,绘制单井相分析图(图 5-2)。

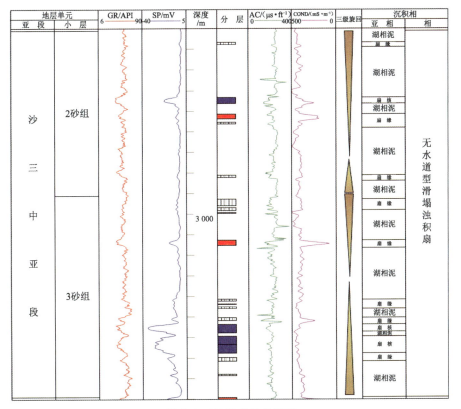

图 5-2　H146 井单井相图

四、滑塌浊积扇体地震相特征

浊积扇体的地震剖面相特征主要表现在地震相和连井相两方面。地震相特征主要通过测井地质分层"标定"的地震相特征和连井地震相来体现;连井相特征主要是通过连井相剖面体现。

1. 地震相特征

滑塌浊积扇体的地震剖面特征具有层薄、延展范围小、地震响应弱的特点。根据薄互层精细标定的结果,低级次浊积扇体多为浊积扇复合体,难以表现出明显的地震剖面特征。

根据不同沉积相类型的测井曲线特征,采用砂泥岩薄互层精细标定方法将不同沉积微相的"测井分层"刻度到"地震剖面",为地震相特征的正确识别和描述奠定基础。具体地震相特征见表 5-2。

表 5-2　浊积扇体地震相特征

地震反射构型		地震反射结构	典型地震相剖面
外部形态	内部结构		
丘　形	前积反射结构	中—弱振幅、中—低频率、中—弱连续	
充填形	前积反射结构	中振幅、中—低频率、中—弱连续	
多透镜状	前积反射结构	中—弱振幅、中频率、弱连续	
楔　状	前积反射结构	中—强振幅、中频率、中连续	
透镜状	无反射结构	中—弱振幅、中频率、弱连续	

滑塌浊积扇体的地震相特征可以总结如下:① 根据地震反射的外部形态,主要表现为丘形、充填形、楔状、透镜状。单个独立的扇体表现为透镜状,充填形以前积充填为主,还有丘形体和楔状体,均为重力滑塌块体的地震响应特征。② 根据地震反射的内部结构,以前积反射结构为主,有些无反射结构。多期扇体叠置现象在无水道型滑塌浊积扇体中比较明显,形成前积反射结构,快速沉积的重力流沉积环境还会产生无明显反射结构。

通过对地震剖面相特征的描述,在滑塌浊积扇体沉积相模式的指导之下,可开展连井剖面相和地震平面相特征的识别。

2. 连井相特征

连井相剖面主要根据岩性剖面、测井曲线形态并对照沉积相类型及相标志得出,在地层对比及单井相划分的基础上,将某一特定剖面相邻井中相似的曲线特征进行连接并确定其沉积微相类型。连井相剖面主要根据构造特征或物源水流方向进行选择,这里选取平行水流方向的剖面进行连井相特征分析。

根据连井地震剖面(图 5-3a),可知研究层段具有扇体相互叠置且多为复合地震反射的特征。具体地震相特征如下:① 沙三中亚段 2 砂组沉积时期,H148-X58 井点位置形成多透镜状、前积复合反射,沙三中亚段 3 砂组沉积时期,H143-X52 井点位置也具有相似的地震相特征,这是由多个滑塌浊积扇体前后叠置产生的;② 沙三中亚段 2 砂组沉积时期,H146-64 井点位置形成"充填形、前积"地震相特征;③ 沙三中亚段 3 砂组沉积时期,H146-64 井点位置形成透镜状地震相特征,内部无反射结构,该类型多是由单个、孤立扇体或两个相互叠置的扇体产生的。

研究层段沉积的主体为浅湖—深湖泥岩,主要发育无水道型滑塌浊积扇体。由连井相剖面(图 5-3b)可以看出:① 砂体规模小,平面上相变快,主要发育有扇核和扇缘两类沉积微相;② 在大套的泥岩内部发育了几套浊积砂体,砂体分布不稳定,侧向上相变快;③ 沙三中亚段 3 砂组砂体较为发育,2 砂组砂体发育自下向上逐渐减少。

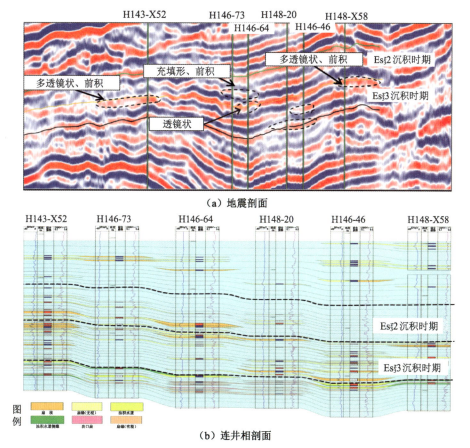

(a) 地震剖面

(b) 连井相剖面

图 5-3 连井相剖面

五、不同级次浊积扇体的沉积相表征

在浊积扇体单井级次划分、地震剖面相特征识别的基础上,下面主要在等时地层格架之内对不同级次浊积扇体的沉积相平面分布进行表征。

1. 六级界面砂体空间分布特征

依照界面级次与地层单元的对应关系,六级界面对应于砂组。根据浊积扇砂体识别的技术路线,首先需要明确砂组的砂体空间分布特征,这里采用沿层平均能量属性来揭示层组变化情况。研究目的层段选定为 Es_3^z2 和 Es_3^z3 两个砂组,因此需对砂组的顶底界限,即 Es_3^z1,Es_3^z2 和 Es_3^z3 进行沿层属性提取。

在进行沿层属性提取之前,首先要进行时窗的选择。通过对地层格架中的地震反射同相轴进行分析,可知 Es_3^z1 和 Es_3^z2 的地震反射同相轴能量较弱、连续性差,Es_3^z3 的地震反射同相轴能量和连续性均较强,因此分别针对 Es_3^z1 和 Es_3^z2 两个层位上、下 4 ms 开时窗,针对 Es_3^z3 层位上、下 6 ms 开时窗,对砂组砂体的空间分布特征进行刻画。

平均反射能量属性通过均方根振幅的平方计算得出,该属性在变化趋势与均方根振幅相同的前提下进行了适度平滑。平均反射能量属性 T 用公式表示如下:

$$T = \frac{\sum_{n=n_1}^{n_2} x^2(n\Delta t)}{n_2 - n_1} \tag{5-1}$$

式中 n,n_1,n_2——采样点;

   Δt——时间差;

   $x(n)$——采样点处的振幅值。

自 Es_3^z3 至 Es_3^z1,依据 3 个砂组的平均能量属性图,对滑塌浊积扇体的空间分布情况进行分析(图 5-4),具有如下规律:① 物源主要来自东部和东南部,东部因中央隆起带坡度产生滑塌,东南部主要是由断层影响作用形成。② Es_3^z3 沉积时期浊积扇延伸范围较大,到达 H143 地区,H146 地区北部为浊积扇体的主要发育区;至 Es_3^z2 沉积时期,浊积扇体延伸范围向隆起带方向后退,主要发育在 H146 地区;至 Es_3^z1 沉积时期,浊积扇体主要发育在 H146 地区中、东部。③ 浊积扇体以近圆形或近椭圆形为主,形状不规则,多期叠置现象明显。

沿层属性是根据解释层位所确定的一定时窗内信息的综合。根据 H146 井的单井相图,对 Es_3^z3 至 Es_3^z1 的储层预测结果进行分析。H146 井在 Es_3^z3 层位附近为大段湖相泥岩,因此在 Es_3^z3 滑塌浊积扇体平面分布图(图 5-4a)上没有任何显示;H146 井在 Es_3^z2 层位对应湖相泥岩,时窗范围之内存在浊积扇体的扇缘微相,因此在 Es_3^z2 滑塌浊积扇体平面分布图(图 5-4b)上有弱能量显示;H146 井在 Es_3^z1 层位的时窗范围之内也存在浊积扇体的扇缘微相,因此在 Es_3^z1 滑塌浊积扇体平面分布图(图 5-4c)上有弱能量显示。综上可知,单井相分析与沿层属性结果一致。

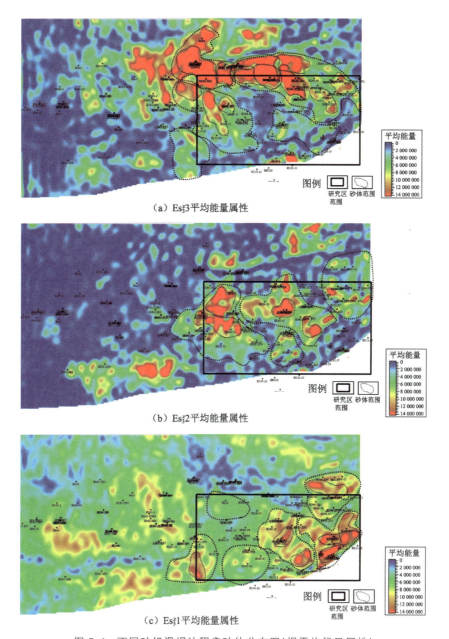

（a）Es$_3^x$3平均能量属性

（b）Es$_3^x$2平均能量属性

（c）Es$_3^x$1平均能量属性

图 5-4　不同砂组滑塌浊积扇砂体分布图（据平均能量属性）

2. 五级界面砂体空间分布特征

沉积体具有级次性，从相、亚相到微相逐级深入，显示出沉积相的多级次性。因此，"单期扇体"中"期"的概念也是具有级次的。研究目的和资料基础不同，对级次进行定义的方法和尺度也有所不同。依照界面级次与地层单元的对应关系，五级界面主要对应于小层。如果地层划分可以到砂组或者小层，这时往往定义一个小层甚至一个砂组为单期扇体。

  Es_3^z2 和 Es_3^z3 两个砂组发育无水道型滑塌浊积扇体,在地震平面分布图上,多个滑塌浊积扇体叠加,形成"连片状"分布。对砂组进一步进行细化,有针对性地选择部分小层进行地震沉积学分析,但无水道型滑塌浊积扇体厚度较薄,一个小层之内存在两期乃至多期扇体叠合分布的情况,因此在单期扇体识别和描述方面存在难度,只能在小层范围之内近似实现对扇体的描述和刻画。

  在沿层属性明确浊积扇体变化规律的基础上,分别以 Es_3^z1,Es_3^z2 和 Es_3^z3 为控制层位,采用地层切片的方式对低级次的浊积扇体进行描述。与砂组所对应六级界面的等时性已通过不同级次地层界面等时性判断方法进行判定,由于所选取的地层切片方式与地层特征近似,因此小层也具有相对的等时性。

  地层切片的属性体选用均方根振幅属性,即在分析时窗范围之内对振幅样点值的振幅平方和均值求取平方根,其数学表达式如下:

$$A_{RMS} = \sqrt{\frac{1}{N}\sum_{i=1}^{N} x_i^2} \tag{5-2}$$

式中 A_{RMS}——均方根振幅;

   N——时窗内样点个数;

   x_i——时窗内第 i 个样点的振幅。

  根据 H146 井的测井曲线特征,选取 6 个目的层,分别对应地层切片 3 和 4,7 和 8,9 和 10,11 和 12,13 和 14,15 和 16。地层切片与地质分层对应关系见表 5-3,具体切片位置如图 5-5(a)所示。

表 5-3   地层切片与地质分层对应关系表

编　号	地层切片	地质分层	编　号	地层切片	地质分层
1	地层切片 3	Es_3^z2-1	4	地层切片 11	Es_3^z3-3[1]
	地层切片 4	Es_3^z2-2		地层切片 12	Es_3^z3-4[2]
2	地层切片 7	Es_3^z2-5[1]	5	地层切片 13	Es_3^z3-5[1]
	地层切片 8	Es_3^z2-6[2]		地层切片 14	Es_3^z3-6
3	地层切片 9	Es_3^z3-1[1]	6	地层切片 15	Es_3^z3-7
	地层切片 10	Es_3^z3-2[2]		地层切片 16	Es_3^z3-9

  对目的层位的地震剖面相及测井相特征进行分析,如图 5-5(a)所示,其中 H146 井左侧黑色为 SP 曲线,右侧蓝色为 GR 曲线。具体表现如下:目的层 1 厚度较薄,只隐约可见透镜状地震反射,SP 与 GR 曲线有低幅度指状负异常,为扇缘微相;目的层 2 的地震相特征与顶部层位形成复合反射,SP 曲线为微齿化特征,为扇缘微相;目的层 3 与顶部地层反射距离较近,为"楔状、前积"地震反射,SP 曲线为低幅指状特征,根据测井微相划分结果,为扇缘微相;目的层 4 与顶部地层形成复合反射,曲线起跳幅度相对较小,SP 曲线较为平直且略有齿化特征,为扇缘亚相;目的层 5 和 6 较为复杂,包含 3 个不同的砂体,在 SP 曲线上特征不同,第 1 个 SP 曲线呈中、高指状,为扇核微相,第 2 个 SP 曲线呈低幅漏斗形特征,为扇缘微相,第 3 个 SP 曲线呈低幅指状特征,为扇缘微相。

研究采用薄层振幅识别技术,即改进的地层切片技术,对低级次浊积扇体进行描述。依据目的层段的切片层间均方根振幅属性,对不同小层中滑塌浊积扇体的展布特征进行研究(图 5-5),可以看出:研究区浊积扇体存在东南部和东部两个方向的物源。

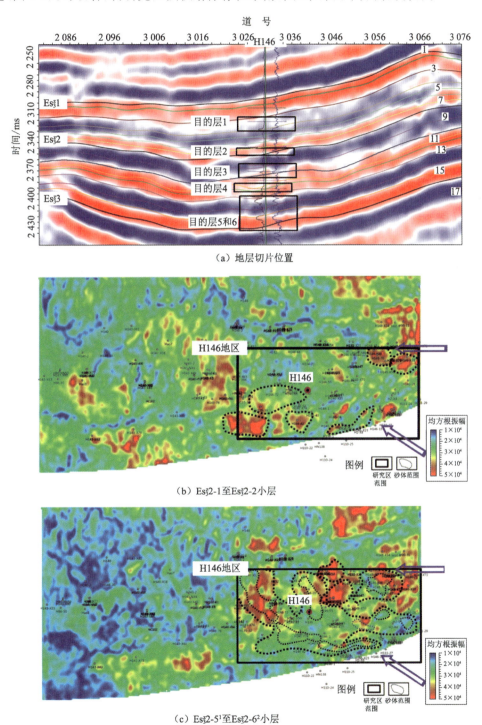

图 5-5　浊积扇砂体展布图(据不同切片间属性分析)

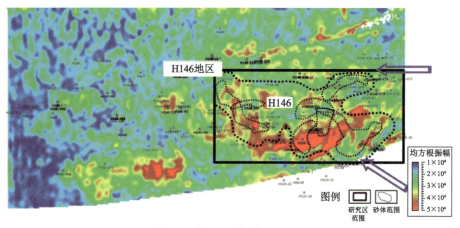

（d）Es₃3-1¹至Es₃3-2²小层

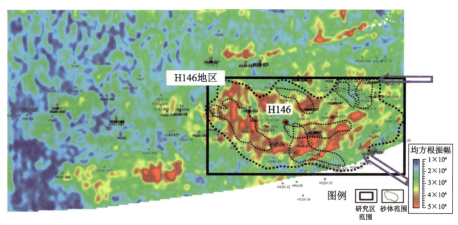

（e）Es₃3-3¹至Es₃3-4²小层

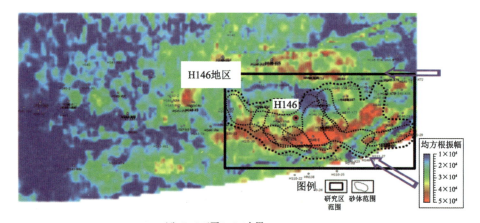

（f）Es₃3-5¹至Es₃3-6小层

图 5-5（续） 浊积扇砂体展布图(据不同切片间属性分析)

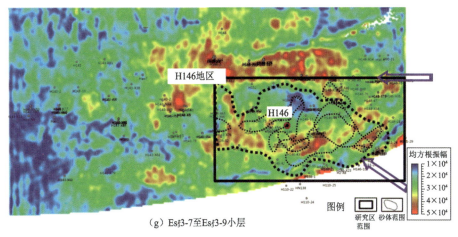

（g）$Es_3^z 3-7$ 至 $Es_3^z 3-9$ 小层

图 5-5（续） 浊积扇砂体展布图（据不同切片间属性分析）

根据目的层段（沙三中亚段 2 砂组和 3 砂组）的切片层间均方根属性图，依照沉积的先后顺序，对浊积扇体的纵向演化规律进行分析。具体如下：目的层段是浊积扇体发育的主力层系，自 3 砂组至 2 砂组其分布规模先增大到减小，到 2 砂组顶部，分布规模明显减小，扇体叠置现象亦不复存在。

根据切片层间均方根属性与砂体厚度图的叠合，分析浊积扇体的平面展布规律，具有如下特点：① 浊积扇体根据地势特点"成片、成带状"分布，单期扇体形状不规则，"土豆状""豆荚状""不规则椭圆状"等均有分布；② 存在"纵向多期叠置"的特点；③ 单期厚度较薄，只能根据单期砂体厚度图与地震属性图的叠合大概识别出砂体轮廓，对纵向叠置的多期扇体，在属性图上可以清楚地进行识别。

除以上发育特点之外，在不同沉积时期，浊积扇体发育又具有如下规律：在 $Es_3^z 3-7$ 和 $Es_3^z 3-9$ 沉积时期，浊积扇体主要发育在 H146 中部，东南方向物源，北部也有浊积扇体发育，东部物源为主；在 $Es_3^z 3-5^1$ 和 $Es_3^z 3-6$ 沉积时期，H146 地区浊积扇体发育规模增强，北部相邻 H146 地区的位置浊积扇体发育规模减弱；在 $Es_3^z 3-3^1$ 和 $Es_3^z 3-4^2$ 沉积时期，浊积扇体主要发育在 H146 地区的中部和南部，H146 北部继续减弱；在 $Es_3^z 3-1^1$ 和 $Es_3^z 3-2^2$ 沉积时期，整个 H146 地区均有浊积扇体广泛发育，规模较大；在 $Es_3^z 2-5^1$ 和 $Es_3^z 2-6^2$ 沉积时期，浊积扇体主要发育在 H146 地区北部；在 $Es_3^z 2-1$ 和 $Es_3^z 2-2$ 沉积时期，仅 H146 地区东北角和西南角有浊积扇体发育，分别为东部物源和东南部物源。

通过以上分析也可知道：浊积扇体发育整体呈向隆起带后退的趋势，且发育规模逐渐减弱，这与砂组自 $Es_3^z 3$ 到 $Es_3^z 1$ 的发育规律类似。

利用 H146 井单井相对浊积扇体识别结果进行检测，可见除 $Es_3^z 3-9$ 至 $Es_3^z 3-7$ 沉积时期与 $Es_3^z 3-6^2$ 至 $Es_3^z 3-5^1$ 沉积时期之外，H146 井点位置在地震平面相图上能量较强，可确定为浊积扇体较为发育的地区，单井相特征为浊积扇体的扇核部分，但不存在叠合现象。其余的 $Es_3^z 3-4^2$ 至 $Es_3^z 3-3^1$，$Es_3^z 3-2^2$ 至 $Es_3^z 3-1^1$，$Es_3^z 2-6^2$ 至 $Es_3^z 2-5^1$，$Es_3^z 2-2$ 至 $Es_3^z 2-1$ 沉积时期，H146 井点位置在地震平面相图上能量较弱，为浊积扇砂体较为不发育的地区，单井相特征为浊积扇体的扇缘部分。

除此之外,根据地震平面相特征,可预测的多为 2 至 3 期扇体的叠合,在该研究区难以实现单期扇体的描述和预测。这与 H146 地区滑塌浊积扇砂体厚度薄且为砂泥岩薄互层的特点密不可分。

六、滑塌浊积扇砂体展布规律

以沉积模式为指导,将地震平面相转化成为沉积相,对浊积扇砂体的展布规律进行分析。

1. 地震平面相向沉积相转化

为了对浊积扇体识别效果进行分析,选择 $Es_3^2 3$ 砂组的某个小层,将测井相特征与地震平面相预测结果(图 5-6a)相结合,得到沉积相叠合图(图 5-6b),具有如下特征:浊积扇体具有"多期叠置"的特点,根据地震平面相图上能量的强弱也可发现浊积扇体的叠置现象,仅根据地震资料及地震沉积学方法难以实现对薄层扇体的识别和描述。

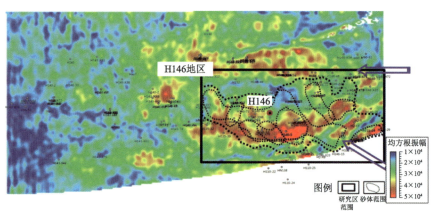

(a) $Es_3^2 3{-}5^1$ 至 $Es_3^2 3{-}6$ 地层切片间均方根振幅属性

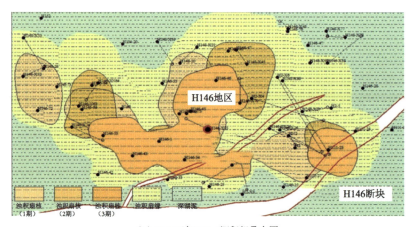

(b) $Es_3^2 3{-}5^1$ 与 $Es_3^2 3{-}6$ 沉积相叠合图

图 5-6　$Es_3^2 3{-}5^1$ 至 $Es_3^2 3{-}6$ 浊积扇砂体分布特征(据层间地震属性)及其沉积相叠合图

2. 沉积相空间分布规律

分别选取 $Es_3^z 3\text{-}1^1$ 与 $Es_3^z 3\text{-}2^2$，$Es_3^z 3\text{-}3^1$ 与 $Es_3^z 3\text{-}4^2$，$Es_3^z 3\text{-}5^1$ 与 $Es_3^z 3\text{-}6$，$Es_3^z 3\text{-}7$ 与 $Es_3^z 3\text{-}9$ 之间的沉积相叠合图(图 5-7)，对浊积扇体的分布规律进行研究，具有如下特征：① 多期扇体"纵向叠置"，"成群成带"分布；② 自 $Es_3^z 3\text{-}9$ 至 $Es_3^z 3\text{-}1^1$，浊积扇体发育范围增大，由原来的研究区中部逐渐扩展到整个 H146 地区；③ 滑塌浊积扇体向西北方向移动，呈北西—南东方向的分布趋势，这与地势形态和物源方向密切相关；④ 除物源因素之外，与物源方向近似垂直或成大角度相交的断层影响着浊积扇体的分布。

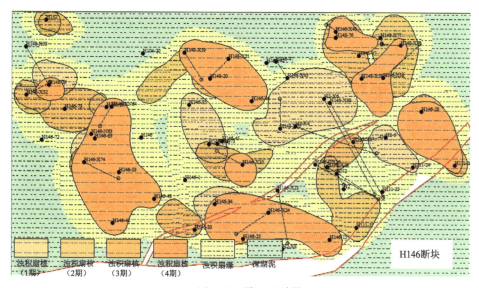

(a) $Es_3^z3\text{-}1^1$ 至 $Es_3^z3\text{-}2^2$ 小层

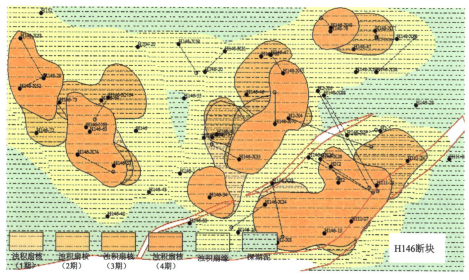

(b) $Es_3^z3\text{-}3^1$ 至 $Es_3^z3\text{-}4^2$ 小层

图 5-7　不同小层沉积相叠合图

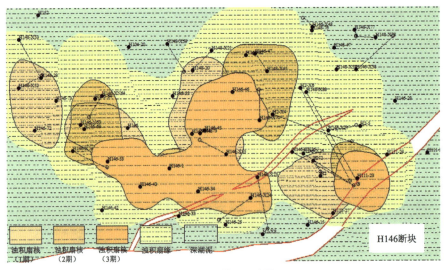

（c）Es₃3-5¹至Es₃3-6小层

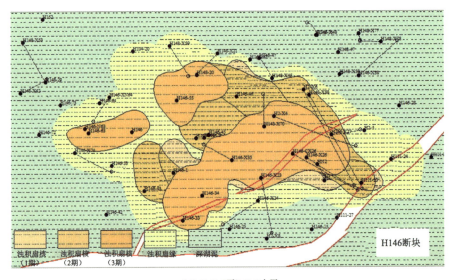

（d）Es₃3-7至Es₃3-9小层

图 5-7(续)　不同小层沉积相叠合图

第二节　海上油田开发阶段地震沉积学研究实例

　　研究区南海 W 油田的地层和构造特征在第二章中已经介绍。研究区角尾组沉积时期为一套海相碎屑滨岸沉积体系,主要受波浪作用,属于浪控滨浅海环境。进入早中新世后,随着海侵的扩大,涠西南凹陷开始被海水浸没,岸线在北西方向呈北东—南西向伸展,物源来自北西方向的万隆山隆起,总体远离物源。在大规模海侵的背景下,从下洋组到角尾组结束了潮坪沉积,开始了滨浅海沉积。角尾组分为两段:角尾组二段发育临滨沉积,角尾组一段发育浅海沉积。

一、岩芯尺度的沉积相分析

首先根据取芯段岩芯岩性、沉积构造、古生物、粒度特征识别取芯段沉积微相类型,结合测井资料及地震资料对非取芯段沉积微相进行识别,并总结各个沉积微相的测井相和地震相特征。

研究区有一口井取得岩芯资料,钻取 $N_1j_2 I$-1 小层,通过对该口取芯井指示沉积环境和沉积物的岩芯进行描述及分析化验,总结得出岩芯相。

1. 岩性标志

沉积物颜色可以帮助恢复古沉积环境水介质氧化还原程度。一般认为泥岩原生颜色为深灰色、黑灰色、黑褐色等代表还原环境;红色、紫红色等代表氧化环境;浅绿色、浅红色、浅灰色、灰绿色等代表半氧化半还原环境。研究区目的层 $N_1j_2 I$-1 小层泥岩颜色以浅灰色、灰色、灰绿色为主,具水平层理(图 5-8),表现为水下弱还原环境,反映浅水的沉积环境。

在研究区 $N_1j_2 I$-1 小层中广泛发育海绿石胶结物,表现为衬边胶结于颗粒之间(图 5-9)和充填于有孔虫体腔内。研究区 $N_1j_2 I$-1 小层砂岩中石英含量较高,铸体薄片显示其含量超过 50%,为中等—高成熟度,符合滨海相沉积特征。

图 5-8　灰色泥岩,具水平层理,A20P1 井,
深度 1 064.7 m($N_1j_2 I$-1 小层)

图 5-9　海绿石,10×10(单偏光),铸体薄片,
A1 井,深度 1 066.05 m($N_1j_2 I$-1 小层)

2. 结构标志

粒度是反映碎屑岩结构成熟度的主要方面,分析粒度就是分析碎屑岩颗粒的大小以及粒度的分布。碎屑岩粒度的分布和分选性是搬运能力的度量尺度,是判断沉积时的自然地理环境、流体性质和水动力条件的良好标志。

1) 粒度概率曲线特征

粒度为碎屑岩岩性标志,一般利用粒度概率曲线图对其进行分析。粒度概率曲线图一般由 3 个直线段组成,直线段的斜率代表分选性,线段越陡,分选程度越好。

对角尾组 1 口取芯井(A20P1 井)的粒度进行分析,绘制了大量的粒度概率曲线图,分析总结了 $N_1j_2 I$-1 小层的粒度概率曲线特征。

N_1j_2I-1 小层中粒度概率曲线以两段式为主。曲线由高斜率的跳跃和悬浮次总体组成,由于受波浪流与潮汐流双重作用,可见双跳跃组分,反映一种牵引流沉积环境。该类粒度概率曲线反映临滨砂坝或浅滩沉积。该类粒度概率曲线又可以分为高截点两段式、低截点两段式以及双跳跃两段式(图 5-10)。

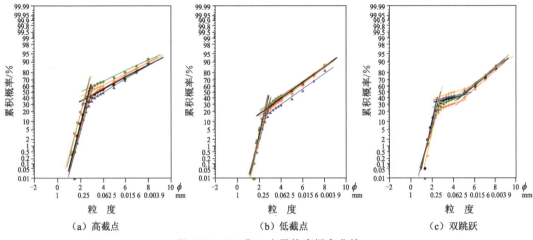

图 5-10 N_1j_2I-1 小层粒度概率曲线

高截点两段式(图 5-11):该类曲线由高斜率的跳跃次总体和悬浮次总体组成,粒度概率区间在(1~10)ϕ 之间,跳跃次总体与悬浮次总体交截点值较高,一般为(1~3)ϕ,其中跳跃次总体含量占优势,一般都大于 40%,斜率大于 60°;悬浮组分含量为 40%~50%。该类粒度概率曲线反映临滨砂坝沉积环境。临滨砂坝主体岩性以中粗砂岩为主,成分以石英为主,见少量暗色矿物及海绿石,偶见黄铁矿,较为疏松,碎屑颗粒呈漂浮状,点接触(图 5-12a);其次为中细砂岩与粉砂质泥岩互层,见波状层理、交错层理。

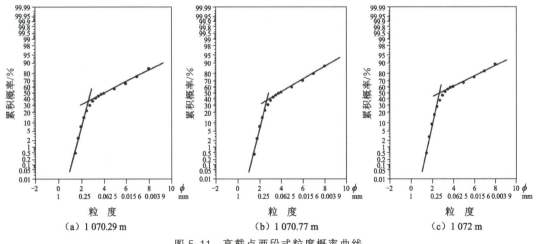

图 5-11 高截点两段式粒度概率曲线

双跳跃两段式(图 5-13):该类曲线由两个跳跃次总体和悬浮次总体组成,由于受潮汐流或波浪流反复冲刷作用,跳跃组分表现为双跳跃段,与冲刷、回流两种作用有关。粒度概率区间在(1~10)ϕ 之间,跳跃次总体与悬浮次总体交截点值一般为(4~6)ϕ,其中跳跃次总体含量占优势,一般都大于80%,斜率45°～70°;悬浮组分含量为10%左右。该类粒度概率曲线反映临滨浅滩沉积环境。浅滩为褐灰色砂岩,成分以石英为主,见少量暗色矿物及海绿石,偶见黄铁矿;1 068～1 069.7 m深度范围内钙质胶结致密(图5-12b)。

(a)碎屑颗粒呈漂浮状,点接触,5×10
(单偏光),铸体薄片,A20P1井,
深度1 064.06 m,N₁j₂Ⅰ-1小层

(b)方解石呈孔隙式胶结且致密,5×10
(单偏光),铸体薄片,A20P1井,
深度1 068.76 m,N₁j₂Ⅰ-1小层

(c)泥质纹层中砂岩相,A20P1井,
深度1 061.7 m,N₁j₂Ⅰ-1小层

图5-12　N₁j₂Ⅰ-1小层岩芯特征

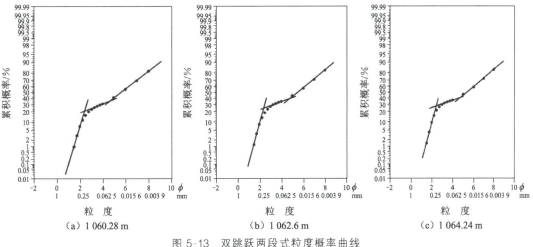

图5-13　双跳跃两段式粒度概率曲线

低截点两段式(图5-14):该类曲线由高斜率的跳跃和悬浮次总体组成,粒度概率区间在(1～10)ϕ之间,跳跃总体含量较少,低于20%,斜率60°～70°甚至更高,悬浮组分占优势,含量为30%～80%,与跳跃组分的交点为(2～3)ϕ,反映沉积时水动力条件相对较弱。该类粒度概率曲线反映临滨砂坝中的裂流沟槽沉积环境。裂流沟槽岩性为浅灰色油浸细砂岩,以细粒为主,次为粉粒(图5-12c);泥质胶结,较为疏松,成分以石英为主,见少量暗色矿物及海绿石。

2)C-M图特征

C-M图是应用每个样品的C值和M值绘成的图形。C值是累积概率曲线上1%处对应的粒径,M值是累积概率曲线上50%处对应的粒径。统计每个样品的C值和M值,做出A20P1井N₁j₂Ⅰ-1小层的C-M图(图5-15)。N₁j₂Ⅰ-1小层C-M图为牵引流RS递变悬浮和QR均匀悬浮沉积。RS段较长,以递变沉积为主。

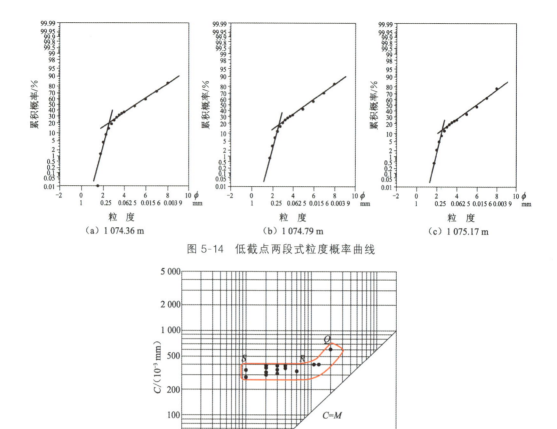

图 5-14 低截点两段式粒度概率曲线

图 5-15 $N_1j_2 I$-1 小层 C-M 图

3. 沉积构造标志

在目的层内发现较多生物扰动形成的钙质薄层(图 5-16),含有丰富的生物碎屑(如有孔虫、苔藓虫),其生存环境为浅水、富氧,是滨浅海沉积良好的指相标志(图 5-17)。

图 5-16 生物扰动形成的钙质胶结,
A20P1 井,深度 1 061.7 m

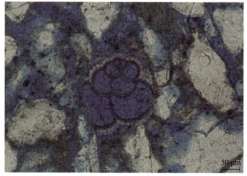

图 5-17 有孔虫体腔,20×10(单偏光),
$N_1j_2 I$-1 小层铸体薄片,A1 井,深度 1 079.29 m

二、测井相及地震相

1. 测井相

① 临滨砂坝主体:自然伽马曲线呈厚层、高幅度的箱形,偶尔呈上部幅度高、下部幅度低的漏斗形,平滑或微齿状,顶部突变且多见钙质胶结;电阻率曲线呈高幅度差箱形或漏斗形,顶部突变,底部渐变;声波值高,密度值低,中子值中等偏小,含油性好(图 5-18)。

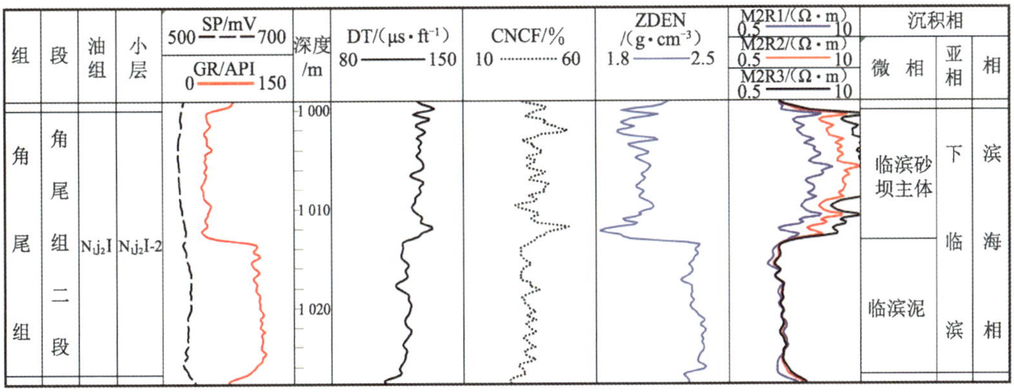

图 5-18 临滨砂坝主体和临滨泥岩测井相特征

② 浅滩:自然伽马曲线呈中、低幅度微齿化的漏斗形;电阻率曲线呈中等幅度差,电阻率值中等偏低;声波值高,密度值中等,中子值中等,三者曲线呈齿状,含油性较好(图 5-19)。

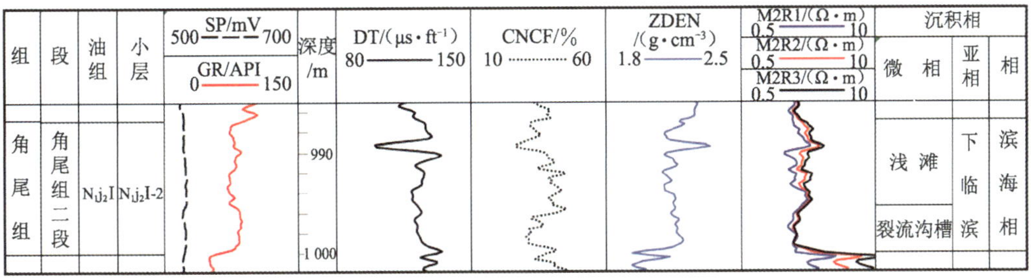

图 5-19 临滨浅滩测井相特征

③ 裂流沟槽和临滨砂坝侧缘:自然伽马曲线为微齿状或齿化的漏斗形,幅度中等偏低,整体表现为箱形;电阻率曲线呈中、低幅度差;三孔隙度曲线值中等偏高,其中临滨砂坝侧缘的值相对裂流沟槽较高,含油性较好(图 5-20 和图 5-21)。

④ 临滨泥岩:自然伽马曲线呈平直状,光滑,幅度高;电阻率曲线重合,幅度低;高密度,高中子,中等声波值,三者曲线呈光滑平直状(图 5-20 和图 5-21)。

⑤ 浅海砂坝和临滨砂坝主体:自然伽马曲线呈厚层、高幅度的箱形,但幅值较临滨砂坝小,平滑或微齿状;电阻率曲线重合,幅度低;声波值高,密度值低,中子值中等偏小(图 5-21 和图 5-22)。

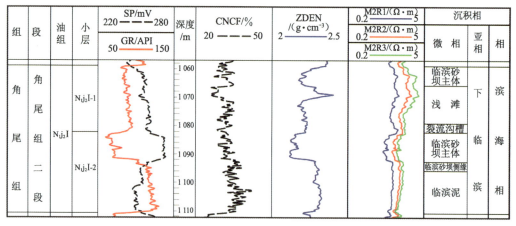

图 5-20 裂流沟槽、临滨砂坝侧缘、临滨泥岩测井相特征

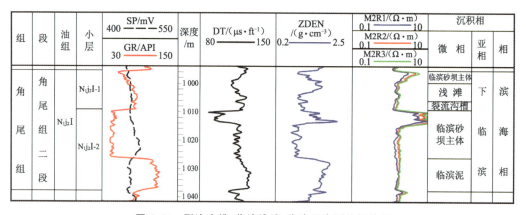

图 5-21 裂流沟槽、临滨浅滩、临滨泥岩测井相特征

⑥ 浅海泥：自然伽马曲线呈平直状，光滑，幅度低；电阻率曲线重合，幅度高；高密度，高中子，高声波值，三者曲线呈光滑平直状（图 5-22）。

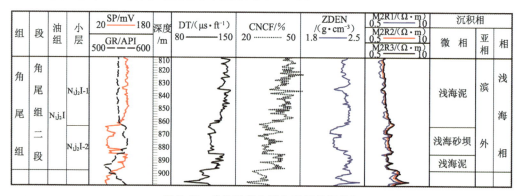

图 5-22 浅海砂坝和浅海泥测井相特征

2. 地震相

地震相是具有一定的分布范围，由某一特征的反射波组组成，并区别于某相邻反射的地震单元，反映了该地震单元所对应沉积物在剖面上的分布特征，间接反映了该地震层序所对

应沉积时期内沉积环境的变化。地震相分析是进行沉积相研究的一种强有力的方法。W油田地震资料较丰富,为沉积相研究提供了较为丰富的地质信息。研究区井点资料有限,制约了沉积相研究工作,通过对地震相特征进行总结,可以更好地研究该区的沉积相特征。

图 5-23 所示为 W 油田垂直构造轴线方向的过 WZ11-1E-1 井和 WZ11-1-3 井地震剖面。从地震剖面中可以看出,地层反射特征明显,横向连续性好,纵向上稳定,有较好的对比性,沉积砂体分布广泛,纵向继承性好,地震反射强度由下向上呈减弱趋势,下部呈中强振幅、平行或亚平行反射结构,上部呈弱振幅、平行或亚平行结构,可明显区分开 3 套不同沉积体系。

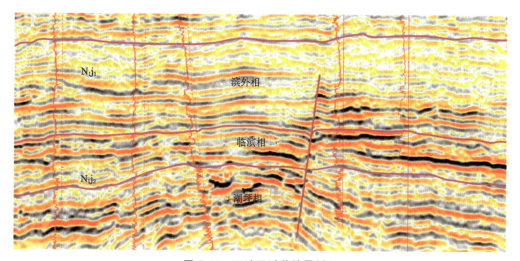

图 5-23　W 油田过井地震剖面

在 W 油田角尾组识别的沉积相类型有滨海相和浅海相,各类沉积相地震反射特征清晰。以下针对主要砂组的 2 种主要沉积微相类型分析其地震反射特征。

1) 临滨砂坝地震相特征

研究区角尾组二段Ⅱ油组及Ⅰ油层 2 小层广泛发育临滨砂坝沉积。临滨砂坝沉积粒度较粗、连续性好,呈披覆状分布,纵向上较稳定,其地震反射特征表现为一套加积的中强振幅、中强连续性、平行或亚平行反射,双向下伏。由图 5-24 所示临滨砂坝地震反射特征可见,同相轴较连续,反映砂坝横向连续性较好,此外可见单期砂坝及多期叠加砂坝沉积。砂体内部存在由砂岩厚度和组合特征的横向变化引起的振幅横向变化,这是地震上区分临滨砂坝主体和侧缘的依据:临滨砂坝主体振幅较强,连续性较强;临滨砂坝侧缘振幅较弱,连续性较弱。

2) 临滨浅滩地震相特征

研究区角尾组二段Ⅰ-1 小层广泛发育临滨浅滩沉积。临滨浅滩沉积粒度较细、连续性中等,其地震反射特征表现为一套加积的中弱振幅、中弱连续性、平行或亚平行反射,纵向上不稳定,可见单期浅滩及其与砂坝叠加沉积(图 5-24)。

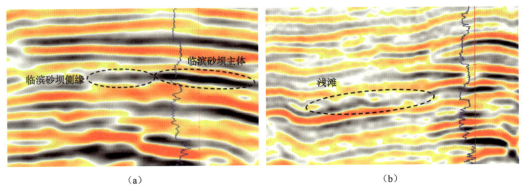

图 5-24　研究区沉积微相地震反射特征

三、等时地层单元地震沉积学分析

研究区为海上油田,钻井少且井网分布不规则,岩芯资料也较少,仅仅依赖测井、钻井资料难以对目的层段沉积相发育特征及砂体展布规律进行精细刻画,因此主要借助地震资料进行沉积微相的研究工作。地震沉积学将由井筒建立的地层各种特征参数,在地震精度所能及的范围内扩展到三维空间,利用地震资料的高横向分辨率,以平面成像为主,结合剖面地震相的分析,以地震波形特征指示反演为主,综合运用神经网络的波形分类、地层切片技术、地震属性优化技术、分频解释技术相互验证,减少地震资料的多解性。

1. 地震波形特征指示反演

随着油田勘探、开发工作不断取得进展,对储层研究精度的要求也越来越高,传统的常规反演方法已无法满足高精度储层研究的要求。目前高分辨率反演方法主要应用地质统计学随机反演,但对井位均匀分布要求较高,且反演结果也有一定的随机性。研究区钻井少,不适合运用随机反演,因此运用了在传统地质统计学基础上发展起来的主要依赖地震波形的新的地质统计学方法——地震波形特征指示反演。

地震波形特征指示反演(SMI)采用"地震波形指示马尔科夫链蒙特卡洛随机模拟(SMCMC)"算法,它是在空间结构化数据指导下不断寻优的过程,参照空间分布距离和地震波形相似性两个因素对所有井按关联度排序,优选与预测点关联度高的井作为初始模型对高频成分进行无偏最优估计,并保证最终反演的地震波形与原始地震一致。SMI和传统的地质统计学反演相比,具有精度高、反演结果随机性小的特点,且更好地体现了"相控"的思想,使反演结果从完全随机走向逐步确定。

该反演的工作流程(图 5-25)是首先根据地震解释的层位、断层建立低频模型,为最后的反演结果提供低频带的数据;然后进行时深标定及谱模拟反演,提供中频带的数据;再进行测井曲线的标准化、重构,以及波形指示反演,提供高频带数据;最后将高频带、中频带、低频带数据进行频率域合并,呈现高分辨率反演结果。

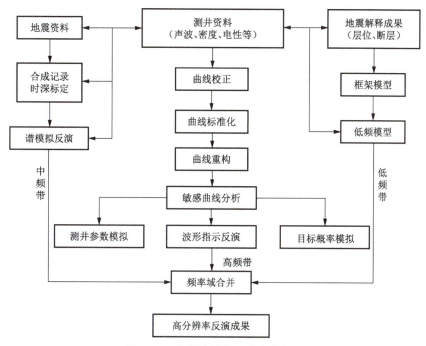

图 5-25　地震波形指示反演流程图

　　在本研究中首先对井数据进行预处理,对 5 口有声波曲线井的曲线进行异常值处理、曲线重采样、基线校正、曲线标准化、曲线归一化处理(图 5-26 和图 5-27)。

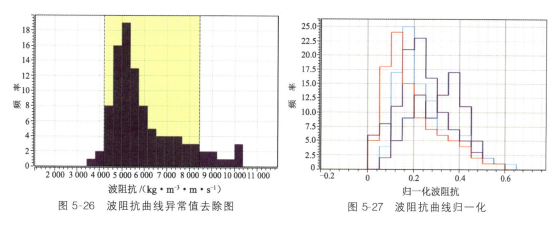

图 5-26　波阻抗曲线异常值去除图　　　　图 5-27　波阻抗曲线归一化

　　由于声波曲线在反映岩性方面有一定的不确定性,而自然伽马曲线能够很好地反映岩性,因此将自然伽马曲线用于波阻抗的重构中。如图 5-28 所示,低频曲线选择了波阻抗曲线,高频曲线选择了对岩性敏感的自然伽马曲线,重构过程中保留原始声波的低频部分,只改变高频部分。曲线重构是提高储集层与围岩速度差异不明显地区测井约束地震反演效果的有效技术。它通过改造曲线,加强储集层与围岩的速度差异,最终改善反演效果对储集层的刻画能力。

　　初始模型的建立过程就是井震相结合的过程,即将井上的低频信息与地震频带宽度相结合,通过波阻抗曲线的内插外推为反演结果提供低频分量。具体做法如下:

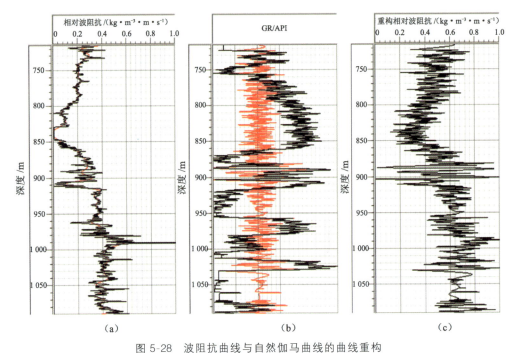

图 5-28　波阻抗曲线与自然伽马曲线的曲线重构

(a) 中黑色线为原始曲线,红色线为低频部分;(b) 中黑色线为原始曲线,红色线为高频部分

　　先进行等时地震层位的追踪,在等时层位之间按等比例内插的方法产生内插层位。选择适合于研究区地质情况的插值方法,在测井曲线和层位的共同约束下进行内插外推,建立初始模型。检查模型是否符合地质要求,如果不符合则需更改参数进行模型的重建,直至达到满意为止。初始模型精度受地震采样率、地震层位、标定精度和低频波阻抗模型的影响。图 5-29 所示是以角尾组一段、二段的顶底界面为约束层位,等比例内插层位,在测井曲线和层位的共同约束下进行内插外推,建立角尾组低频模型。

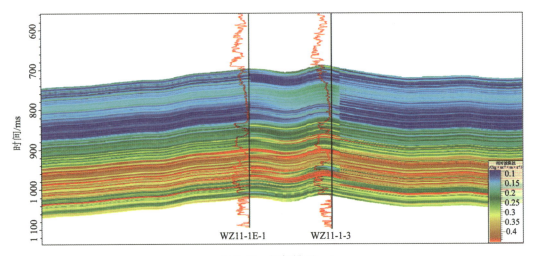

图 5-29　低频模型

1）谱模拟反演

谱模拟反演技术是一种不依赖于井资料的反演方法，其利用地震的频谱和井的波阻抗频谱相匹配来完成反演。该方法在频率域定义反演算子，井资料只起反演算子估算中希望输出的定义作用，反演只是一个反褶积过程，因此反演结果为波阻抗，且振幅横向变化保持较好，充分尊重了地震资料，整体数量级与井资料靠近。经过谱模拟反演参数的设置（图 5-30），得到原始地震数据反褶积后的波阻抗数据，图 5-31 所示为过 WZ11-1-3 井的谱模拟反演的剖面。经过谱模拟反演后的数据可为最后的反演数据提供中频信息。

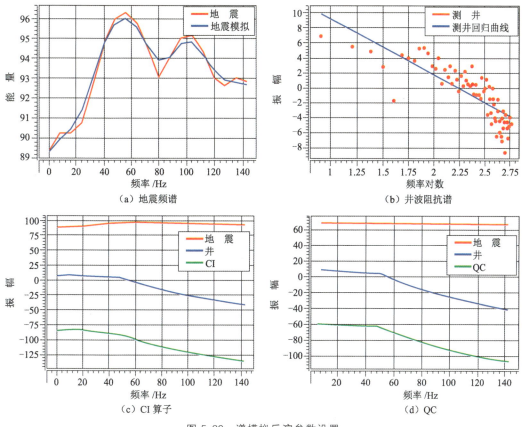

图 5-30　谱模拟反演参数设置

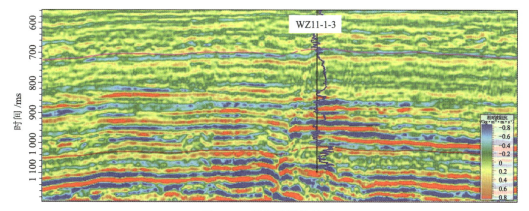

图 5-31　谱模拟反演剖面

2）地震波形特征指示反演

将初始模型与地震频带波阻抗进行匹配滤波,计算得到似然函数。如果两口井的地震波形相似,则表明这两口井大的沉积环境是相似的,虽然其高频成分可能来自不同的沉积微相,差异较大,但其低频具有共性,且经过井曲线统计证明其共性频带范围大幅度超出了地震有效频带。利用这一特性可以增强反演结果低频段的确定性,同时约束高频的取值范围,使反演结果确定性更强。

在贝叶斯框架下联合似然函数分布和先验分布得到后验概率分布,并将其作为目标函数。不断扰动模型参数,将后验概率分布函数最大时的解作为有效的随机实现,取多次有效实现的均值作为期望值输出。实践表明,基于波形指示优选的样本,利用马尔科夫链蒙特卡洛随机模拟进行无偏、最优估计,可获得期望和随机解,它们在空间上具有较好的相关性。

图 5-32 所示为角尾组自然伽马期望的反演结果,红色和黄色为自然伽马高值,蓝色为自然伽马低值。在井点位置自然伽马反演结果与测井曲线吻合程度较高。由图可以看出角尾组一段上部发育稳定沉积的巨厚层泥岩,主要发育两套横向分布稳定的厚层砂体;角尾组一段与角尾组二段之间发育横向稳定的厚层泥岩;角尾组二段为主要的储层,发育两套油组砂体,油组之间稳定发育泥质隔夹层,这与地质认识和测井解释结果相符合。

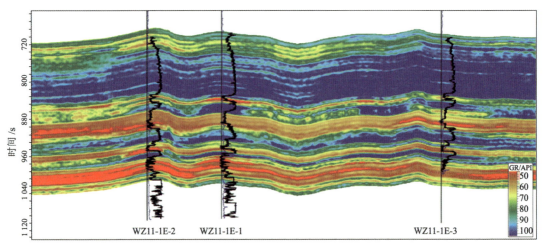

图 5-32　角尾组自然伽马期望反演结果图

反演结果不仅在砂体分布刻画上与井上的地质认识一致,对于较薄的隔夹层的识别结果也与井上测井解释的结果比较一致。将 W 油田砂岩储层内部和小层之间存在多层物性差的砂岩、钙质砂岩、泥岩或砂质泥岩统称为“隔夹层”。图 5-33 所示为角尾组二段储层的目标概率模拟结果,红色和黄色为渗透率好的储层,蓝色和青色为储层内部隔夹层。由图可知,角尾组二段发育 2 个油组(即 I 油组和 II 油组),N_1j_2 I -1 顶部、N_1j_2 II -1 顶部、N_1j_2 II -2 顶部、N_1j_2 II -2 底部发育 4 套隔层,且隔层横向分布稳定,分布范围广。N_1j_2 I -1 与 N_1j_2 I -2 小层之间不发育稳定隔层,局部有厚层物性夹层。小层内部发育规模较小的夹层,图 5-33 中所示反演结果可识别出 WZ11-1E-1 井的 N_1j_2 I -1 小层内部厚度为 3 m 的物性夹层,以及 Wan2 井 N_1j_2 II -2 小层之间的 2 m 厚的泥质夹层。

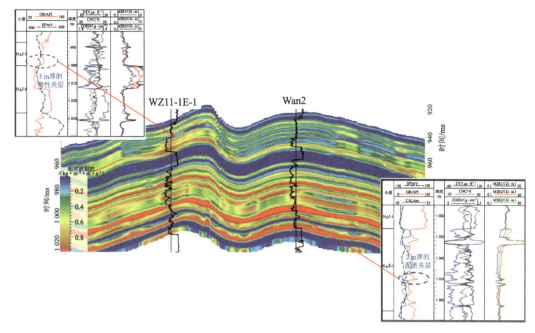

图 5-33 角尾组二段地震波形指示反演地震剖面

通过上述分析可知指示波形反演数据体分辨率相对较高,与测井解释结果相符合,地质现象呈现比较丰富,砂岩分布、隔夹层的空间分布刻画与地质规律吻合较好,可用于下一步沉积相及岩性的研究。

3)反演体属性切片分析

地震波形指示反演体精度高、反演结果随机性小的特点,能较为精细地反映储层空间沉积微相的变化,因此对反演体进行地层切片、属性分析等,可以用于分析研究区沉积微相的平面分布。图 5-34 为对 $N_1j_2 I$-2 小层反演体提取的均方根振幅图,根据沉积背景及井点沉积特征,$N_1j_2 I$-2 小层为临滨沉积环境,沉积微相有临滨砂坝主体、临滨砂坝侧缘以及临滨泥。依据井震结合,识别沉积微相,振幅强的红色和黄色部分代表临滨砂坝主体,振幅较弱的绿色部分代表临滨砂坝侧缘,振幅弱的蓝色部分代表临滨泥(图 5-35)。

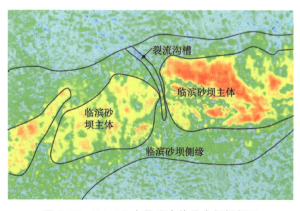

图 5-34 N_1j_2 I-2 小层反演体均方根振幅图

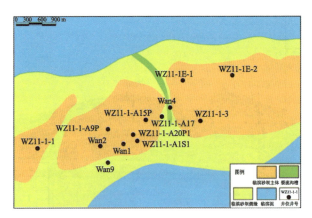

图 5-35 N_1j_2 I-2 小层沉积微相图

4）频率域合并反演体

地震波形特征反演的最后一步是将多个体、线的频率域合并，使反演的结果更加可靠。这里选择 3 个不同频率的反演体进行合并。第 1 个反演体选为从模型插值中获得的低频反演体，提供低频带的合并数据，其频率范围一般设置为 0～20 Hz；第 2 个反演体为从谱模拟反演中获得的反演体，提供中频带的合并数据，其范围为地震的有效频带 20～80 Hz；第 3 个反演体为从波形特征指示反演中获得的反演体，提供中高频带的合并数据，其范围根据需要设置为 80～120 Hz。将这 3 个反演体进行频率域合并，使反演结果更加可靠。

经过频率域合并后的反演体，分辨率增高，振幅内部的细微变化也可以呈现出来，可用于沉积微相的精细刻画。图 5-36 为在频率域合并的反演体的地震剖面。临滨砂坝地震反射特征整体上表现为一套中强振幅、中—强连续性、平行或亚平行反射，双向下伏，内部存在由砂岩厚度和组合特征的横向变化引起的振幅的横向变化。追踪目的层的同相轴，构造高点上的振幅强，向两边振幅逐渐减弱。A 点处高连续性、中强振幅反射；B 点处振幅由强变弱，反射同相轴的时间厚度减少，井点砂厚也变薄，是高连续、强反射同相轴在横向上的延伸，显示了临滨砂坝侧缘的反射特征。通过振幅在横向上的变化可进行临滨砂坝主体和侧缘的边界划分。在频率域合并后的地震剖面上，沉积微相的边界较原始地震剖面更加明显，可以精细刻画出沉积微相边界。

2. 基于神经网络的地震波形分类

该技术的主要原理是地下地质体物理性质的任何变化总会反映到地震波形状的变化上。利用波形分类的方式可以把地震波形的细微差异表现出来。在某一目的层段内，根据地震波形曲线特征进行分类，将同类的地震波形用同一种颜色表示，便可得到一张反映沉积现象的层属性，即一张细致刻画地震信号横向变化的地震波形分类图。结合单井微相分析和标定，建立不同地震波形（颜色）与沉积微相的对应关系，将地震相图转换成具有地质意义的沉积微相图。

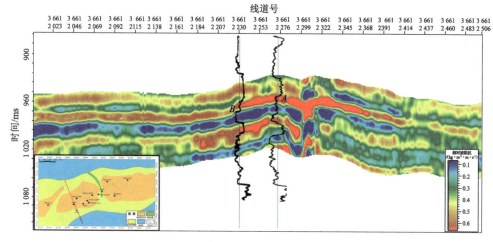

图 5-36 频率域合并的反演体的地震剖面

应用 VVA 软件研究小层时窗内的地震波横向变化特征,运用神经网络算法对目标小层内的地震道进行分析运算,经多次迭代产生合成道,将原始数据道与合成道进行对比分析,通过误差处理,对模型道进行迭代修改,寻找其与实际地震道的最佳相关关系,从而得到平面地震相图。在对地震相进行分析时,必须结合井点信息,运用单井上的沉积微相来标定地震相,由井点外推,将地震相转换为平面沉积相,通过地震波形的相似性分析,结合井资料,进行地质综合研究。

波形分类技术的关键环节是地震时窗和波形分类数。通过前人研究,时窗太小容易导致地震相的颜色出现畸变,时窗太大不能反映地下沉积环境的真实面貌,因此本次研究以小层为时窗进行波形分类。波形分类数指在目标层段内所包含的地震道的种类数。分类数大,结果失真;分类数小,结果过于粗糙。本次研究根据目标层段沉积微相的数目及刻画精度的要求,通过合并相似波形道,最终选择分类数为 12。图 5-37 为 N_1j_2 II -1 小层神经网络地震波形分类图,图中同一颜色的波形特征相似,但同一沉积相其颜色不一定一致。可通过岩芯相、测井相来标定地震相图,从而将平面相转换为沉积相。图 5-37 中红线是刻画的结果。

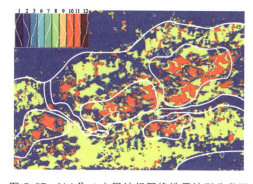

图 5-37 N_1j_2 II -1 小层神经网络地震波形分类图

3. 地震属性优选和分析

1)单属性分析

首先以小层的顶底界限为属性提取的时窗,提取对沉积相比较敏感的均方根振幅、最大振幅、能量及弧长等属性;然后将不同属性与砂岩厚度进行相关性分析,寻找与井点砂岩厚度相关系数最大的属性;最后选取相关性最大的属性作为刻画沉积相平面展布的主要参考依据,并利用相关系数最大的属性值定量呈现出砂厚的平面分布特征。

以 N_1j_2 I-1 小层(图 5-38)为例,通过相关性分析,得到均方根振幅与砂厚的相关值为 0.823 2,弧长、最大振幅、能量属性与砂厚的相关系数分别为 0.737 6,0.706 6,0.648 6 (表 5-4)。综合分析得出,该小层均方根振幅属性与井上吻合程度最高,砂厚和均方根振幅整体呈正相关性,砂厚越大,均方根振幅越大。在均方根振幅属性图上,颜色与砂厚对应关系较好,振幅强的黄色、红色区域砂岩厚,振幅较弱的绿色区域砂岩薄。再结合井上砂厚统计,可得出 N_1j_2 I-1 小层的砂厚平面图(图 5-39 和图 5-40)。

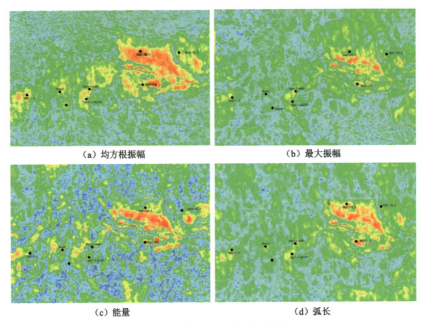

（a）均方根振幅　　　　　　　　　　（b）最大振幅

（c）能量　　　　　　　　　　（d）弧长

图 5-38　N_1j_2 I-1 小层单属性图

表 5-4　地震属性-砂厚相关性分析

序号	均方根振幅	弧　长	最大振幅	能　量	砂厚/m
1	2.338×10^9	11.556×10^{16}	14.006×10^8	5.189×10^{17}	23
2	2.049×10^9	11.156×10^{16}	9.312×10^8	4.559×10^{17}	19.3
3	1.527×10^9	3.598×10^{16}	6.607×10^8	2.581×10^{17}	14
4	1.399×10^9	2.598×10^{16}	5.245×10^8	1.485×10^{17}	12
5	2.355×10^9	10.258×10^{16}	12.526×10^8	5.059×10^{17}	21
6	1.722×10^9	7.294×10^{16}	8.592×10^8	3.059×10^{17}	18.7
7	1.455×10^9	7.259×10^{16}	5.885×10^8	1.759×10^{17}	15.8
8	2.021×10^9	10.628×10^{16}	8.926×10^8	3.225×10^{17}	19.5
9	1.905×10^9	5.123×10^{16}	9.269×10^8	2.635×10^{17}	17.3
拟合公式	$y=16.34\ln x - 330.67$	$y=-4\times10^{-34}x^2+1\times10^{-16}x+9.23$	$y=9.942\,6e^{6\times10^{-10}x}$	$y=1\times10^{-0.6}x^{0.413\,4}$	
相关系数	0.823 2	0.737 6	0.706 6	0.648 6	

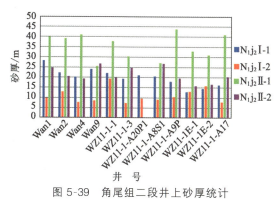

图 5-39　角尾组二段井上砂厚统计

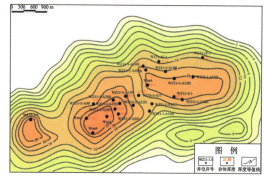

图 5-40　$N_1j_2 I$-1 小层砂厚等值线图

2）多属性交会聚类分析

只用单属性分析，在个别中部区块与个别井上砂厚相关性不高，在沉积微相的全面展示上还有欠缺，因此进一步选用多属性交会聚类分析进行沉积微相的精细刻画。多属性交会聚类分析的基本流程是：首先进行二维交会矩阵分析，使优选的地震属性之间的相关性较小；然后优选出 3 个相关程度差的属性，通过三维交会图的分析圈定属性范围，发散、映射到底图上，再反复调试分析，直到属性聚类与地质认识符合性最大；最后用此 3 个优选的属性进行沉积微相的平面分布的精细表征。

图 5-41 为 $N_1j_2 I$-1 小层均方根振幅、瞬时频率和响应相位属性交会分析的底图映射结果，根据交会结果大致确定了储层的边界，但内部细节表现不明显。运用这 3 个属性进行多属性聚类分析，图 5-42 所示为均方根振幅、瞬时频率和响应相位聚类图。根据沉积背景和井上沉积相分析得出，$N_1j_2 I$-1 小层为临滨环境，发生短暂海侵，水体变深，沉积基准面处于频繁升降变化中，沉积微相有临滨砂坝主体、浅滩、临滨泥。其中，黄色、红色区域砂体厚，划分为临滨砂坝主体；绿色区域砂体较薄，划分为浅滩；蓝色指示浅海泥的分布。由于波浪在海岸破碎后，高于岸边的水体通过破浪带流回海洋而形成的条带状的沟槽，即裂流沟槽。基于这种模式的指导，将相邻临滨砂坝之间的冷色条带划分为裂流沟槽。该条带地震反射弱，砂体厚度薄，泥质含量高。图中呈现出 4 个临滨砂坝主体，整体呈北东东方向分布在构造发育的位置，与地质认识较为符合。

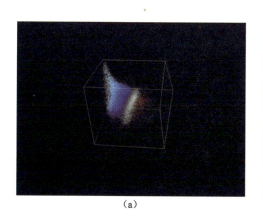

（a）

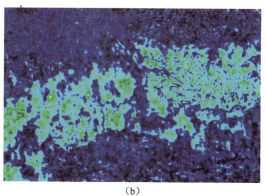

（b）

图 5-41　$N_1j_2 I$-1 小层三维交会图分析

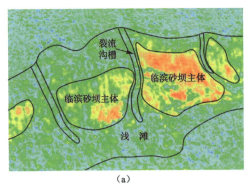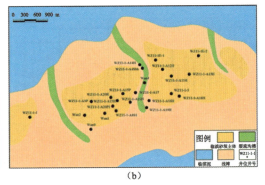

图 5-42　N_1j_2 I-1 小层多属性图

4. 地层切片

地层切片是在两个追踪出来的等时沉积界面之间,等比例内插出一系列的层,内插完成后的每个层面认定为一个等时界面。该等时界面并不是时间域的等时概念,而是地震数据体在地质发展时期的等时概念。相较于时间切片和沿层切片更具有优势,它考虑了平面上不同位置沉积速率的变化,更具有等时意义。同时,一般认为地震剖面的纵向分辨率在 1/4 个波长,但地层切片的分辨率高于这个极限,因此地层切片能够得到小尺度时窗内的地震信息。

进行地层切片解释时,为了确保解释的准确性,必须结合井上信息,在地质模式的指导下,井震结合,将地层切片转化为平面沉积相。图 5-43 为 N_1j_2 II-1 小层地层切片,此时期为上临滨沉积时期。基于沉积模式,结合钻测井信息,根据不同微相的地震响应,将地层切片转换为沉积微相图,呈现出 5 个不同大小的临滨砂坝主体及 2 条裂流沟槽。

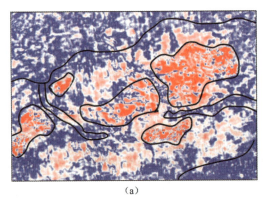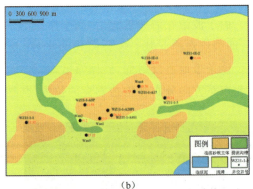

图 5-43　N_1j_2 II-1 小层地层切片

5. 分频解释技术

分频解释技术是利用离散傅里叶变换或最大熵谱方法,将原始地震数据转换到频率域,主要根据调谐效应,即厚度等于检测波波长的 1/4 时,地震反射波波峰与波峰、波谷与波谷相叠加而出现调谐作用,该作用使反射波能量变大而呈现异常。分频解释技术的数据体为沿短滑动时窗生成一系列离散频率的调谐振幅体,该数据体在垂向上为时间,每个数据体只包含单一的频率成分。

分频解释的数学方法有小波变换、S变换、短时窗离散傅里叶变换。运用S变换将原始地震数据体转换成连续变化的一系列单一频率的调谐振幅数据体,当一定厚度岩层的调谐频率与振幅调谐体的频率一致时,该厚度层干涉特征最为明显,振幅强度最大。

根据不同频率地层切片水平方向调谐振幅的变化特征,分析不同厚度小层砂体的平面变化,更加全面细致地展现出沉积微相的平面分布。通常情况下,频率较低的调谐振幅切片呈现了砂体整体的形态和分布范围,频率较高的调谐振幅切片呈现了砂体平面分布的细节。根据目的层的速度和井上厚度选择合适频率下的振幅切片,以反映目的层砂体的平面分布。以 $N_1j_2 II$-2 小层为例,小层的平均速度在 2 500 ～2 800 m/s 之间,临滨砂坝主体的厚度在 10 ～25 m 之间,选取 25 Hz,35 Hz 和 45 Hz 的频率体地层切片,通过频率调谐振幅的变化来预测储层砂体厚度的空间变化规律,进行平面沉积相的解释(图 5-44)。根据井上砂厚分析,红色、黄色区域为砂坝主体沉积。在频率为25 Hz的振幅切片上,临滨砂坝主体发育在中央的构造高点上,整体呈北东东向条带状展布,主要呈现出中东部的砂体和西部的砂体。随着频率的增高,厚度较薄的砂体也显示出来,在 45 Hz 的频率的振幅切片下,不同厚度的临滨砂坝主体的形态和分布范围比较全面地展示出来,最终 $N_1j_2 II$-2 小层呈现出 6 个规模不一的临滨砂坝主体。

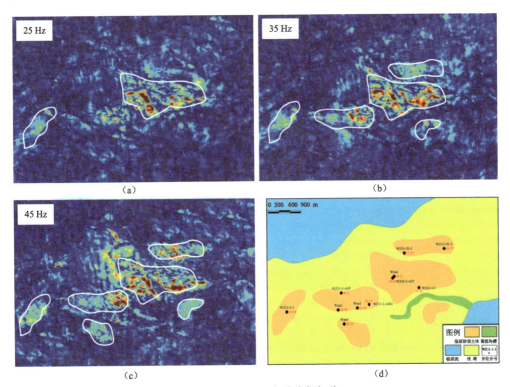

图 5-44　$N_1j_2 II$-2 小层分频切片

根据不同层位的调谐振幅频率分析不同层位的砂体厚度。由图 5-45 可知,针对角尾组二段,低频多集中在下部地层,其中 N_1j_2 II-1 小层的调谐频率最小,对应的砂体最厚;高频主要集中在上部地层,其中 N_1j_2 I-2 小层的调谐频率最高,对应的砂体最薄。由此分析角尾组二段的砂体整体呈现上薄下厚的特点。

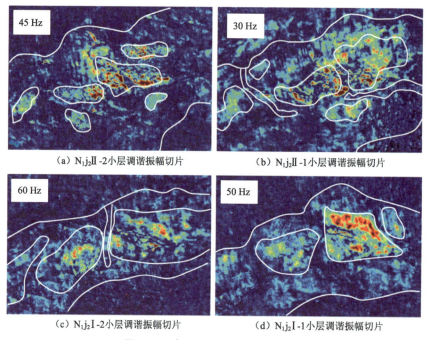

（a）N_1j_2II-2小层调谐振幅切片　　　　　（b）N_1j_2II-1小层调谐振幅切片

（c）N_1j_2I-2小层调谐振幅切片　　　　　（d）N_1j_2I-1小层调谐振幅切片

图 5-45　角尾组二段调谐振幅切片

四、沉积相展布特征及演化

在等时地层格架建立的基础上,根据井上钻测井资料进行井上砂体的统计分析(图 5-46 至图 5-48),结合地震相图,预测了角尾组 8 个小层的砂体展布(图 5-49)。从井上砂厚统计及小层砂厚统计图中可以看出:角尾组一段和角尾组二段砂体整体均表现为上薄下厚。其中 N_1j_1II-1 和 N_1j_2II-1 砂体厚度相对较大,达 35～37 m;N_1j_1I-1 和 N_1j_1II-2 砂体相对较薄,平均厚度小于 7.5 m,多数处于 3～5 m 之间;其他小层砂体厚度多数处于 10～22 m 之间。从砂厚等值线图中可以看出砂体主要发育在中央的构造高点上,整体呈北东东向条带状展布。

在地震反演体上提取角尾组 8 个小层的地层切片,结合小层砂厚的平面展布特征,根据沉积环境和沉积相模式,在反演地层切片上划分了沉积微相。角尾组二段发育临滨环境,整体是一个海进的过程,下亚段发育上临滨环境,上亚段发育下临滨环境(图 5-50)。由于海侵的影响,上亚段的砂坝侧缘发育规模小于下亚段。N_1j_2 II 油组内部是个海退的过程,油组内部上部地层的砂坝发育规模大于下部地层。N_1j_2 I 油组内部是个海进的过程,由临滨砂坝沉积过渡到临滨浅滩沉积。角尾组一段发育滨外沉积环境,整体是个海进的过程,由于海侵的作用,上部地层滨外砂坝的发育规模小于下亚段(图 5-51)。N_1j_1 II 油组为海退的过程,滨外砂坝主要在下部地层沉积,N_1j_1 I 油组为海进过程,滨外砂坝主要在下部地层沉积。

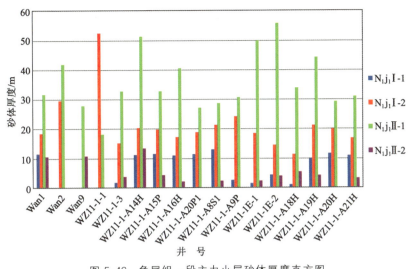

图 5-46 角尾组一段主力小层砂体厚度直方图

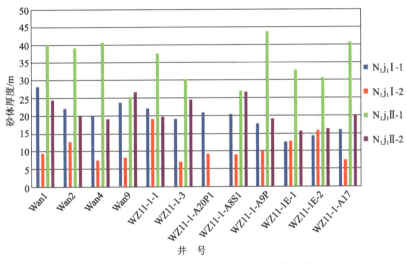

图 5-47 角尾组二段主力小层砂体厚度直方图

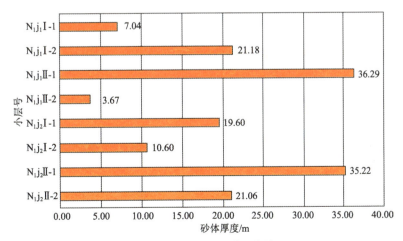

图 5-48 角尾组小层砂厚统计图

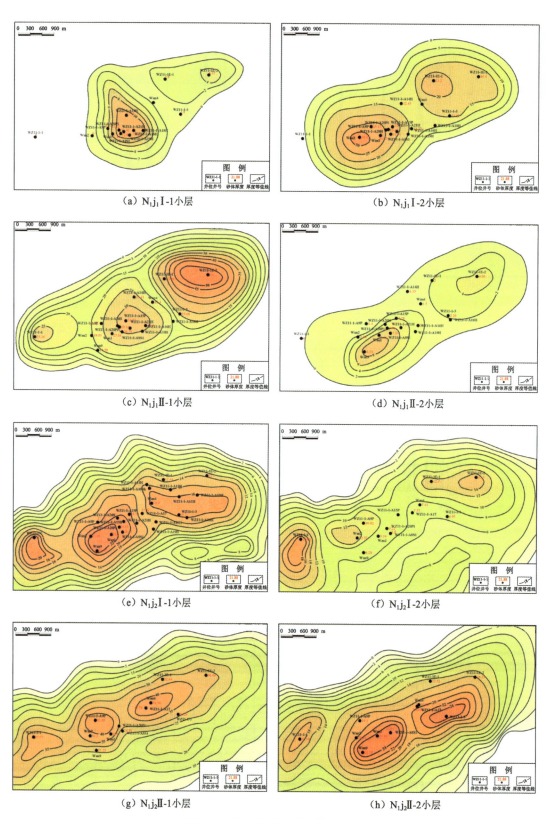

（a）N₁j₁I-1小层 （b）N₁j₁I-2小层 （c）N₁j₁II-1小层 （d）N₁j₁II-2小层 （e）N₁j₂I-1小层 （f）N₁j₂I-2小层 （g）N₁j₂II-1小层 （h）N₁j₂II-2小层

图 5-49 角尾组小层砂厚等值线图

厚度单位为 m

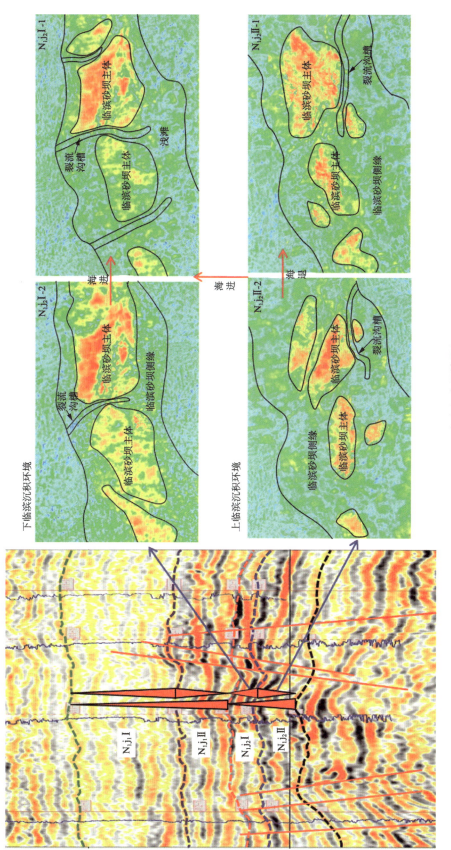

图 5-50　N_1j_2 段内各小层地震相图

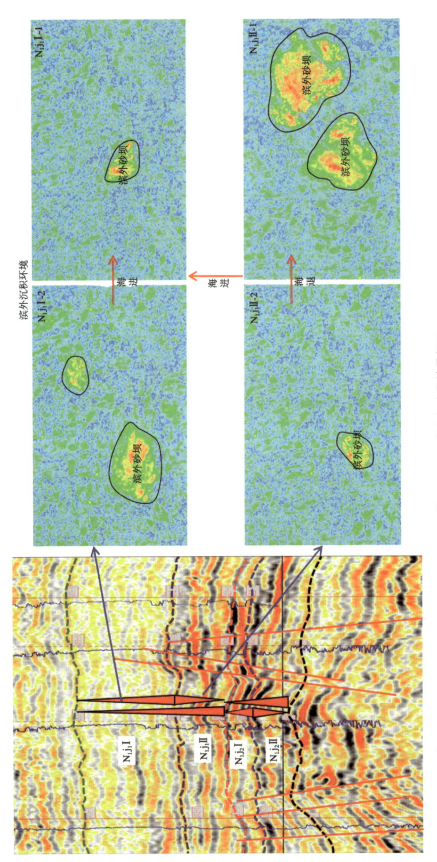

图 5-51 N₁j₁ 段内各小层地震相图

在研究平面沉积相特征时,从井点出发,以确定的井点沉积微相为基础,利用地震沉积学的技术方法,将地震资料充分运用到井间沉积微相的精细刻画中,最终综合井点沉积特征、砂厚等值线图、地震平面相图及剖面地震反射特征,井震结合,平面结合剖面,精细刻画了角尾组 8 个小层的沉积微相图。

角尾组二段沉积时期,随着盆地下沉,海平面上升,研究区沉积基准面位于平均高潮线至浪基面之间,是波浪起控制作用的区域,沉积物受浅水波浪作用,始终遭受着波浪的冲洗、扰动,此时为波浪滨岸环境,该沉积时期广泛发育临滨沉积。根据沉积物的特点及水体深浅临滨沉积又进一步分为上临滨及下临滨 2 个亚相带,其中 $N_1j_2Ⅱ$ 油组为上临滨带,主要微相类型为上临滨砂坝、上临滨砂坝侧缘、临滨泥岩、裂流沟槽;$N_1j_2Ⅰ$ 油组为下临滨带,主要微相类型为下临滨砂坝、下临滨浅滩、下临滨砂坝侧缘、临滨泥岩、裂流沟槽,沉积相分布较均一。由地震剖面特征可以看出,角尾组二段沉积时期地震反射特征多为一套加积的中振幅、亚平行、中—好连续的反射,沉积较为稳定。

$N_1j_2Ⅱ-2$—$N_1j_2Ⅱ-1$ 沉积时期,随着涠西南凹陷水体加深,从潮坪环境过渡为上临滨沉积环境。$N_1j_2Ⅱ-1$—$N_1j_2Ⅰ-2$ 沉积时期,随着水体加深,逐渐过渡为下临滨沉积环境。$N_1j_2Ⅰ-1$ 沉积末期,水体进一步加深,由滨海相沉积环境向浅海相沉积环境转化。

$N_1j_2Ⅱ-2$ 沉积时期,基准面较低,在构造主体部位发育临滨砂坝主体沉积微相,临滨砂坝主体有 6 个,规模大小不一,平均约为 0.8 km²,最小约为 0.25 km²,最大可达 2.0 km²。全区临滨砂坝侧缘发育,岩性以浅灰色细砂岩为主,东南侧发育一条裂流沟槽(图 5-52)。

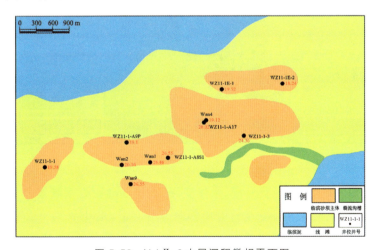

图 5-52　$N_1j_2Ⅱ-2$ 小层沉积微相平面图

$N_1j_2Ⅱ-1$ 沉积时期,发生海侵,基准面上升,水体变深,发育 5 个临滨砂坝主体,岩性以中—粗砂岩为主,平均规模为 0.7 km²,最大规模为 2.8 km²,最小约为 0.25 km²。东块分散的临滨砂坝逐渐合为一个整体的临滨砂坝,西块临滨砂坝的发育规模也变大。东南侧的裂流沟槽继承性发育,规模也扩大,西北边发育一条裂流沟槽(图 5-53)。

$N_1j_2Ⅰ-2$ 沉积时期,局部发生小规模海退,基准面下降,水体变浅,发育 3 个临滨砂坝主体,单个规模增大,东部砂坝进一步扩大,面积扩大为 3.2 km²,中部分散的临滨砂坝主体合并成一个规模较大的临滨砂坝主体,规模为 2.5 km²,西部临滨砂坝主体向东北方向扩展,面积为 1.5 km²。临滨砂坝侧缘范围缩小,岩性以粉细砂岩为主(图 5-54)。

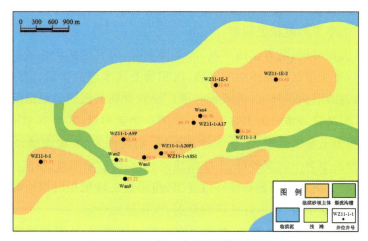

图 5-53 N₁j₂Ⅱ-1 小层沉积微相平面图

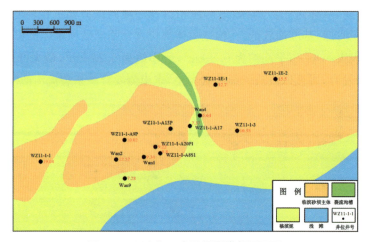

图 5-54 N₁j₂Ⅰ-2 小层沉积微相平面图

N₁j₂Ⅰ-1 沉积时期,发生短暂海侵,水体变深,沉积基准面处于频繁升降变化中,发育 4 个临滨砂坝主体,规模大小不一,平均规模为 0.4 km²,最小约为 0.2 km²,最大可达 2.5 km²。东块临滨砂坝主体规模减小,并且被一条裂流沟槽分割,西块的临滨砂坝主体规模减小,中、西块临滨砂坝主体之间发育一条裂流沟槽,中块和东块临滨砂坝主体之间继承性发育一条裂流沟槽。全区大面积发育临滨浅滩,岩性以细—粉砂岩为主(图 5-55)。

角尾组一段沉积时期,随着海侵的继续扩大,水体进一步加深,研究区开始由波浪滨岸环境向浅海环境过渡,开始接受浅海沉积,沉积范围进一步扩大,大面积发育浅海砂坝沉积,沉积厚度大,分布稳定。角尾组一段属于浅海相,滨外亚相,主要的沉积微相有浅海砂坝主体、浅海砂坝侧缘、浅海泥。由地震剖面特征可以看出,角尾组一段沉积时期地震反射特征多为一套较弱振幅、亚平行、连续性较好的反射,沉积稳定。

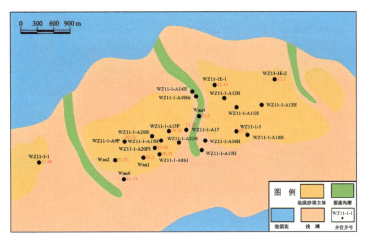

图 5-55 N_1j_2 I -1 小层沉积微相平面图

N_1j_2 II -2—N_1j_1 II -2 沉积时期，海侵扩大，角尾组结束滨海相沉积，开始浅海相沉积，角尾组一段和角尾组二段之间发育一套较厚且横向稳定分布的泥岩。N_1j_1 II -2—N_1j_1 II -1 沉积时期，局部发生小规模海退，沉积了稳定的厚层浅海砂坝。N_1j_1 II -1—N_1j_1 I -2 沉积时期，发生小规模海侵，基准面上升，沉积稳定的浅海砂坝。N_1j_1 I -2—N_1j_1 I -1 沉积时期，全区发生大规模的海侵，沉积大套厚层浅海泥。

N_1j_1 II -2 沉积时期，发生海侵，全区浅海泥发育，岩性以粉砂质泥岩夹浅灰色砂岩为主，砂岩中块较东块发育，厚度较薄。在中部构造高点上发育一个临滨砂坝主体，规模约为 0.15 km^2（图 5-56）。

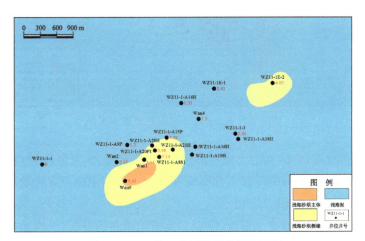

图 5-56 N_1j_1 II -2 小层沉积微相平面图

N_1j_1 II -1 沉积时期，局部发生小规模海退，基准面下降，水体变浅，发育厚层的浅海砂坝。上部岩性以中细砂岩为主，下部为细粉砂与粉砂质泥岩互层。砂体厚度东部较西部厚。浅海砂坝主体发育在构造主体部位，规模大小不一，东部规模最大，约为 2.5 km^2；中部约为 1.5 km^2；西部规模最小，约为 0.2 km^2（图 5-57）。

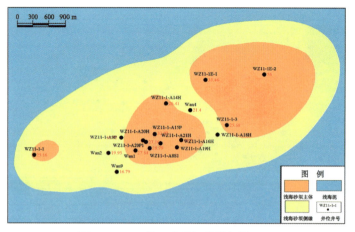

图 5-57 N_1j_1Ⅱ-1 小层沉积微相平面图

N_1j_1Ⅰ-2 沉积时期，发生海侵，基准面上升，水体变深，主要发育浅海砂坝主体，中部浅海砂坝主体较东部大，中部约为 2.5 km²，东部约为 1 km²(图 5-58)。

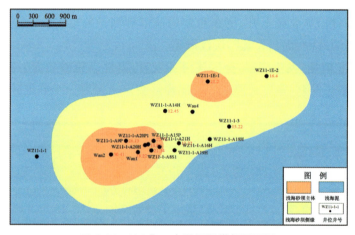

图 5-58 N_1j_1Ⅰ-2 小层沉积微相平面图

N_1j_1Ⅰ-1 沉积时期，全区发生大规模海侵，发育大套灰、浅灰色泥岩，粉砂质泥岩夹浅灰色细砂岩，砂岩厚度较薄，中部较东部厚度厚。浅海砂坝主体只在中块构造主体部位发育，规模小，约为 0.3 km²(图 5-59)。

通过运用地震沉积学的技术方法，结合井点沉积微相的分析，呈现角尾组沉积微相平面分布图。原始相图只是粗略地呈现出沉积相图，根据井点岩芯资料确定了沉积微相类型，再运用地震沉积学的方法和技术，将沉积微相的平面展布形状和分布范围进一步精确呈现。从图 5-60 可以看出，与原始相图相比，呈现的相图达到微相级别，地震相图结合井点、平面结合剖面分析后得出的相边界也更加精确。

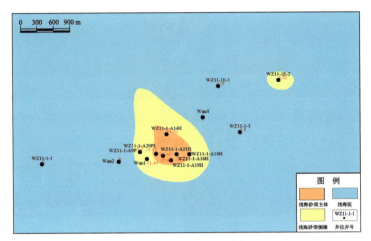

图 5-59　N₁j₁Ⅰ-1 小层沉积微相平面图

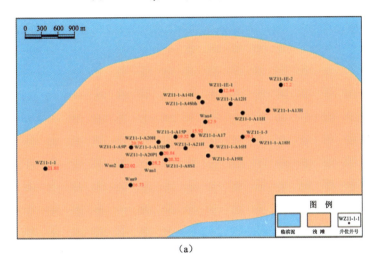

（a）

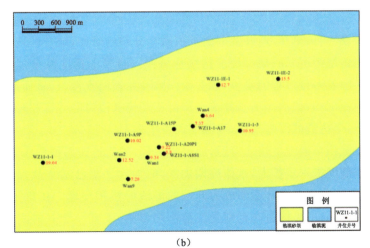

（b）

图 5-60　N₁j₂Ⅰ-1/N₁j₂Ⅰ-2 小层沉积相图研究前后对比图

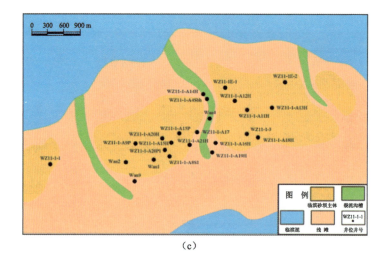

(c)

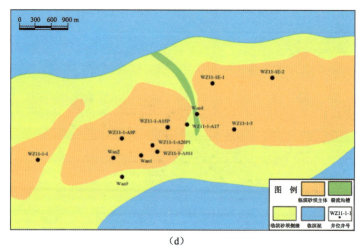

(d)

图 5-60（续） $N_1j_2 I$-1/$N_1j_2 I$-2 小层沉积相图研究前后对比图

(a)和(b)为以前研究相图；(c)和(d)为本次研究相图

通过以上对 W 油田单井、连井及平面沉积微相分布的研究，结合区域沉积背景，可以发现涠西南凹陷角尾组沉积时期经历了持续性海侵。自早中新世以来，盆地因热沉降导致大规模海侵。随着海侵过程的发生，涠西南凹陷开始被海水浸没，从而结束了陆相的湖相沉积以及潮坪相沉积，依次经历了波浪滨岸沉积环境和浅海陆棚沉积环境，水体向上依次变深，整体为一个持续的海进过程，局部层段发生海退。

角尾组二段沉积早期发生快速海退，海退较短暂，随后迅速海侵形成全区稳定分布的泥岩。此时沉积范围进一步扩大，水体逐渐加深，涠西南凹陷已基本没入水下，随障壁作用减小，整个北部湾盆地东南部逐渐成为开阔的滨浅海沉积环境。在角尾组二段下亚段沉积时期，涠西南凹陷中央构造高点则受波浪作用影响，发育一套上临滨沉积体系，在构造高点部位临滨砂坝大面积发育，并由于波浪回流，发育有垂直古岸线的裂流沟槽。角尾组二段沉积末期，水体继续加深，研究区发育临滨沉积，古地貌的高点部位临滨砂坝大面积继承性发育，此时波浪回流作用强烈，垂直古岸线的裂流沟槽较发育。

随着海侵的继续扩大,水体进一步加深,到角尾组沉积后期,研究区开始由滨岸环境向浅海环境过渡,沉积范围进一步扩大,涠西南凹陷开始接受浅海沉积,此时研究区大面积发育滨外砂坝沉积,沉积厚度大,分布稳定。

第六章
地震成岩相研究

成岩相是在成岩与构造等作用下,沉积物经历一定成岩作用和演化阶段的产物,是表征储层特征、类型和质量的重要依据。对于低渗透储层,成岩相研究更为重要。目前成岩相研究主要是利用岩芯观察和分析(薄片观察、扫描电镜分析、阴极发光显微镜分析等)方法与技术开展取芯段单井成岩相的定性分析。成岩相表征定量化、非取芯井段以及井间成岩相预测是目前成岩相研究的难点,也是油气藏勘探开发对成岩相研究的迫切需求。本章结合海上少井地区深层低渗-近致密储层成岩相预测实例,介绍"岩芯-测井-地震"不同尺度的成岩相预测方法。

第一节　研究区主要成岩作用类型

一、压实作用

研究区花港组埋深在 3 600 m 以下,压实作用较强,且由于该储层非均质性较强,垂向上压实程度具有差异性。压实作用使得储层的原生孔隙空间不断压缩减小,孔隙度降低,这是研究区储层质量变差的重要因素之一。研究区常见的压实现象有碎屑颗粒以凹凸接触为主(图 6-1a),塑性颗粒如泥岩岩屑、云母等在压实作用下发生塑性变形(图 6-1c,d,e),以及长石、石英等脆性颗粒的压实破碎、断裂(图 6-1b)及波状消光(图 6-1f)等现象。

视压实率是对原始沉积颗粒间孔隙空间压实程度进行定量表征的参数,与储层原始孔隙度、填隙物含量及粒间孔隙体积密切相关。视压实率 c_o 一般用下面的公式计算:

$$c_o = \frac{\phi_0 - \phi_{填} - \phi_{原生}}{\phi_0} \times 100\% \tag{6-1}$$

$$\phi_0 = 20.91 + \frac{22.9}{\delta_1/\delta_2} \tag{6-2}$$

式中　ϕ_0——原始孔隙度,%;

$\phi_{原生}$——原生粒间孔隙度,%;

$\phi_{填}$——填隙物体积分数,%;

δ_1——粒度累积概率 25% 处的粒径;

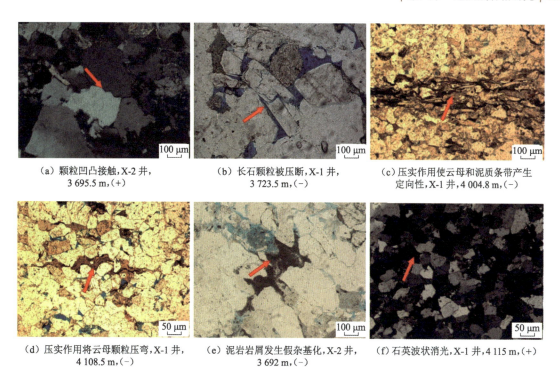

（a）颗粒凹凸接触，X-2 井，3 695.5 m，(+)　　（b）长石颗粒被压断，X-1 井，3 723.5 m，(−)　　（c）压实作用使云母和泥质条带产生定向性，X-1 井，4 004.8 m，(−)

（d）压实作用将云母颗粒压弯，X-1 井，4 108.5 m，(−)　　（e）泥岩岩屑发生假杂基化，X-2 井，3 692 m，(−)　　（f）石英波状消光，X-1 井，4 115 m，(+)

图 6-1　研究区花港组储层压实作用现象

δ_2——粒度累积概率 75% 处的粒径；

δ_1/δ_2——砂岩的分选系数。

研究区花港组储层视压实率为 50%～95%，以中—强压实作用为主。其中，H3 油层组视压实率为 50%～78%，以中等压实作用为主；H4 和 H5 油层组由于埋藏较深，压实作用增强，视压实率在 65%～95% 之间，以强压实为主。

二、胶结作用

胶结作用是指从流体或矿物转化过程中析出的矿物质将松散颗粒固结成岩的作用。研究区花港组储层胶结作用类型较多，主要包括碳酸盐胶结、硅质胶结和黏土矿物胶结，但总体含量一般小于 5%，零星分布在粒间孔隙中，对储层物性影响贡献率较小。

硅质胶结作用在研究区花港组储层分布普遍，主要以石英的次生加大形式出现，可见两期（图 6-2a）。碳酸盐胶结物主要表现为孔隙式胶结的方解石胶结物（图 6-2b）和铁方解石胶结物（图 6-2c）。研究区碳酸盐胶结物含量一般小于 10%，对储层物性影响较小，仅在邻近泥岩的砂岩储层中碳酸盐胶结物含量高达 40%，并表现为基底式胶结，形成致密储层。

研究区黏土矿物胶结物主要有伊利石、伊蒙混层和绿泥石。自生绿泥石一般以颗粒环边及孔隙充填两种方式存在，其中根据环边状自生绿泥石排列方式和与颗粒的接触关系分为颗粒包膜绿泥石和孔隙衬里绿泥石。颗粒包膜绿泥石的形成始于同沉积时期碎屑颗粒完全压实固结之前，孔隙衬里绿泥石发育持续整个成岩作用阶段。早期绿泥石衬边胶结能够有效抑制石英的次生加大,对储层孔隙具有较好的保护作用(图 6-2d,e)。伊利石常以蜂窝状和丝缕状附着在颗粒表面或填充于粒间孔隙、喉道中,使得孔隙连通性变差(图 6-2f)。

通常采用视胶结率 c_e 对胶结程度进行定量表示:

$$c_e = \frac{w}{\phi_0} \times 100\% \tag{6-3}$$

式中　w——全岩矿物分析的胶结物体积分数,%。

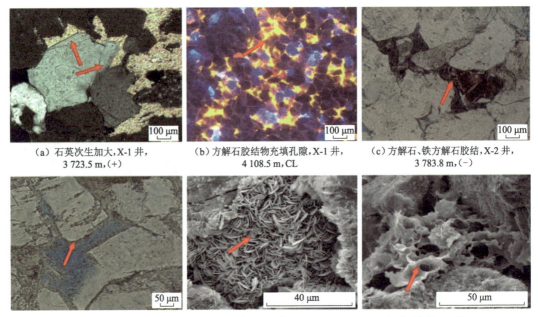

(a) 石英次生加大,X-1 井,
3 723.5 m,(+)

(b) 方解石胶结物充填孔隙,X-1 井,
4 108.5 m,CL

(c) 方解石、铁方解石胶结,X-2 井,
3 783.8 m,(-)

(d) 绿泥石包膜,X-2 井,3 761.4 m,(-)　(e) 绿泥石胶结,X-2 井,3 760.4 m,SEM　(f) 伊利石胶结,X-1 井,3 783 m,SEM

图 6-2　研究区花港组储层胶结作用现象

三、溶蚀作用

溶蚀作用是次生孔隙发育的主要原因,是增大储集空间的重要成岩作用。研究区储层主要发育长石、岩屑溶蚀,局部发育石英溶蚀(图 6-3c)。长石及部分酸性岩屑稳定性差,常被溶蚀为蚕食状、残余状(图 6-3a,b,f),甚至形成铸模孔;在扫描电镜下常可见长石、岩屑溶解形成粒内溶孔(图 6-3d),多呈孤立状,连通性差,局部可见溶蚀产生的云母解理缝(图 6-3e),连通性变好。

视溶蚀率是对次生孔隙发育情况进行定量表征的参数。视溶蚀率 c_{or} 的计算公式为:

$$c_{or} = \frac{\phi_{次生}}{\phi_t} \times 100\% \tag{6-4}$$

式中　$\phi_{次生}$——次生溶蚀面孔率,%;

　　　ϕ_t——总面孔率,%。

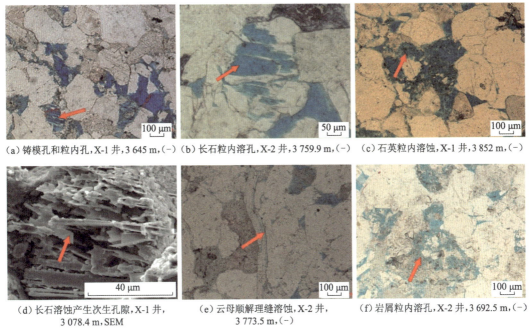

（a）铸模孔和粒内孔，X-1 井，3 645 m，（−）　（b）长石粒内溶孔，X-2 井，3 759.9 m，（−）　（c）石英粒内溶蚀，X-1 井，3 852 m，（−）

（d）长石溶蚀产生次生孔隙，X-1 井，3 078.4 m，SEM　（e）云母顺解理缝溶蚀，X-2 井，3 773.5 m，（−）　（f）岩屑粒内溶孔，X-2 井，3 692.5 m，（−）

图 6-3　研究区花港组储层溶蚀作用现象

　　H3 油层组砂岩储层溶蚀程度中等，原生孔隙发育，视溶蚀率为 40%～60%；H4 和 H5 油层组整体较为致密，原生孔隙保存较少，主要为次生孔隙，视溶蚀率大于 60%，为中等—强溶蚀程度。

四、交代作用

　　自生矿物之间的交代作用通常作为判定成岩作用发生先后次序的主要依据。研究区内交代作用主要以方解石胶结物交代碎屑颗粒为主，其边缘呈锯齿状、港湾状，甚至残留颗粒假象。方解石交代长石的现象非常普遍，主要沿长石颗粒边缘、解理缝进行，使颗粒边缘齿化，或交代残余后颗粒呈"残骸"状（图 6-4b）；方解石交代石英较少（图 6-4a）；其他交代现象还包括铁方解石交代长石（图 6-4c）、铁方解石交代泥质颗粒（图 6-4d）、铁质交代（图 6-4e）、长石绢云母化（图 6-4f）。

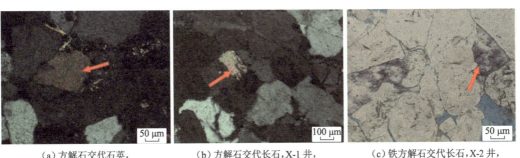

（a）方解石交代石英，X-1 井，3 796.5 m，（+）　（b）方解石交代长石，X-1 井，4 023 m，（+）　（c）铁方解石交代长石，X-2 井，3 784.4 m，（+）

图 6-4　研究区花港组储层交代作用现象

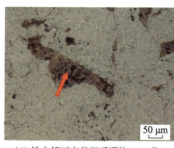  

（d）铁方解石交代泥质颗粒，X-2井，　　（e）铁质交代，X-2井，3 780.9 m，（−）　　（f）长石绢云母化，X-2井，3 807.4 m，（−）
　　3 791.8 m，（−）

图 6-4（续）　研究区花港组储层交代作用现象

第二节　成岩相类型

一、成岩相定量参数分析

　　根据成岩作用对储层物性的影响，将研究区成岩作用类型归为两类：以溶蚀作用为主的有利成岩作用和以压实作用、胶结作用为主的破坏成岩作用。通过铸体薄片分析、全岩矿物分析，可定量计算出不同成岩作用对孔隙演化的影响。以 4 口井的 H3 油层组为例（表 6-1），研究发现压实作用是导致孔隙减小的最主要因素，而胶结作用对该地区整体储层质量影响相对较弱，导致的减孔量一般小于 5%。另外，研究区局部层段溶蚀作用较为发育，改善了储集空间，形成了相对优质储层。针对上述岩石类型以岩屑长石砂岩为主、胶结弱的情况，提出利用视溶蚀率和视压实率定量表征成岩相，进而筛选测井和地震成岩相解释参数，实现储层成岩相横向展布预测，从而确定相对优质储层。

表 6-1　西湖凹陷 H3 油层组储层成岩作用与孔隙演化关系

井号	层位	岩芯分析孔隙度/%	岩芯分析渗透率/%	岩芯分析面孔率/%	原始孔隙度/%	压实损失孔隙度/%	压实损失率/%	胶结损失孔隙度/%	胶结损失率/%	溶蚀增加孔隙度/%	晚期胶结损失孔隙度/%	晚期胶结损失率/%
1 井	H3a	8.77	0.31	4.76	28.0	25.8	93.8	1.7	4.8	8.3	0.8	2.2
1 井	H3b	10.41	12.33	6.18	28.0	21.4	81.2	1.6	4.6	4.5	1.0	3.0
1 井	H3c	9.70	0.71	6.41	28.0	17.4	69.8	3.4	9.7	5.7	0.9	2.4
2 井	H3a	8.93	0.38	4.25	28.0	23.8	88.0	2.0	5.6	5.7	0.7	1.9
2 井	H3b	12.95	14.20	10.07	28.0	19.2	74.8	2.7	7.7	5.3	0.7	2.1
2 井	H3c	9.87	0.11	7.59	28.0	19.9	76.7	1.9	5.4	6.8	0.4	1.1
3 井	H3a	9.85	0.25	3.33	28.0	25.0	91.5	2.3	6.7	10.3	0.6	1.7
3 井	H3b	11.70	6.53	8.22	28.0	26.3	95.2	1.2	3.4	8.5	0.8	2.3
3 井	H3c	10.88	3.47	7.86	28.0	24.4	89.8	2.1	5.9	8.7	1.1	3.1

第六章 地震成岩相研究 | 155

续表

井号	层位	岩芯分析孔隙度/%	岩芯分析渗透率/%	岩芯分析面孔率/%	原始孔隙度/%	压实损失孔隙度/%	压实损失率/%	胶结损失孔隙度/%	胶结损失率/%	溶蚀增加孔隙度/%	晚期胶结损失孔隙度/%	晚期胶结损失率/%
4井	H3a	7.67	0.49	3.16	28.0	24.7	90.7	2.2	6.3	5.6	0.8	2.3
4井	H3b	9.16	1.96	6.82	28.0	24.3	89.4	2.8	8.0	7.6	1.0	2.9
4井	H3c	6.90	0.12	3.79	28.0	23.7	87.8	2.5	7.2	7.2	0.7	2.0

二、主要成岩相类型

根据研究区储层特征及前人研究的成岩强度划分标准(表 6-2),划分出 6 种典型成岩相:中溶蚀-中压实成岩相、中溶蚀-中强压实成岩相、强溶蚀-强压实成岩相、中强溶蚀-强压实成岩相、泥质-粉砂质强压实成岩相和强胶结成岩相。

表 6-2 西湖凹陷花港组储层成岩强度划分标准(据应凤祥等,2004,修改)

压实作用强度	视压实率/%	溶蚀作用强度	视溶蚀率/%
强压实	>75	强溶蚀	>75
中强压实	65~75	中强溶蚀	60~75
中压实	30~65	中溶蚀	30~60
弱压实	<30	弱溶蚀	>30

(1)中溶蚀-中压实成岩相。压实作用中等,平均视压实率约 60.2%;溶蚀作用中等,平均视溶蚀率约 58.4%;主要发育于分选好、杂基含量低的细—中砂岩和中砂岩储层中,岩性主要为岩屑长石砂岩,颗粒多为点接触。该类储层局部发育早期绿泥石衬边胶结,增加其抗压强度,并有效抑制石英次生加大,保存了大量的原生孔;同时常见长石、岩屑颗粒溶蚀,形成溶蚀扩张粒间孔,平均孔隙直径大于 70 μm,孔隙连通性较好;平均孔隙度为 13.7%,平均渗透率约为 15×10^{-3} μm^2,主要在 H3b 砂组下部局部发育,是研究区最有利的成岩相类型(图 6-5a)。

(2)中溶蚀-中强压实成岩相。压实作用中等到强,平均视压实率约 68.3%;溶蚀作用较弱,平均视溶蚀率约 62.1%;岩性以分选好、杂基含量较低的细砂岩、中—细砂岩为主,砂砾岩次之,主要为岩屑长石砂岩。细砂岩颗粒较细,而砂砾岩由于沉积时颗粒接触不规则,当其被压实后颗粒以线接触为主,孔隙类型多以粒间溶蚀孔为主;平均孔隙直径为 40~85 μm,孔隙度为 8%~11%,渗透率为 $0.63 \times 10^{-3} \sim 1.2 \times 10^{-3}$ μm^2,主要发育在 H3b-2、H3b-3、H3b-4、H3c-2 小层以及 H4b 砂组的局部,是研究区第二有利的成岩相类型(图 6-5b)。

(3)强溶蚀-强压实成岩相。压实作用较强,平均视压实率约 78%;溶蚀作用相对较强,平均视溶蚀率约 76.38%;主要发育于分选中等、杂基含量高的中—细砂岩储层中;岩性主要为岩屑长石砂岩,颗粒线接触为主。由于后期大量酸性流体进入,不稳定矿物发生溶蚀,形成较多的粒内溶孔和粒间孔,平均孔隙直径为 $30 \sim 70~\mu m$,孔隙度为 $7.5\% \sim 10\%$,渗透率为 $0.35 \times 10^{-3} \sim 0.67 \times 10^{-3}~\mu m^2$,主要分布在 H3a 砂组与 H4b-2,H4b-3,H4b-5 小层以及 H5a 砂组的局部,是研究区溶蚀最强烈的成岩相类型(图 6-5c)。

(4)中强溶蚀-强压实成岩相。压实作用较强,平均视压实率约 78.4%;溶蚀作用较强溶蚀-强压实成岩相相对减弱,平均视溶蚀率约 70.31%;主要发育于分选较差、杂基含量高的中—细砂岩储层中;岩性主要为长石岩屑砂岩,颗粒呈线接触-凹凸接触。塑性岩屑、泥质条带等受压实作用影响,弯曲变形强烈,呈假杂基充填于孔隙中,导致储层物性变差,且岩性的不均一性导致溶蚀程度减弱。储层孔隙主要为长石和部分岩屑溶蚀孔隙,平均孔隙直径为 $20 \sim 50~\mu m$,孔隙度为 $6\% \sim 8.7\%$,渗透率为 $0.15 \times 10^{-3} \sim 0.8 \times 10^{-3}~\mu m^2$,主要分布在 H5b 砂组,是研究区假杂基含量最多的成岩相类型(图 6-5d)。

(5)泥质-粉砂质强压实成岩相。压实作用最强,平均视压实率约 84%。储层压实作用强,主要分布于砂岩层之间的粉砂岩、泥质岩层段。储层孔隙度和渗透率非常低,基本为致密储层(图 6-5e)。

(6)强胶结成岩相。方解石呈基底式胶结于颗粒之间,且多与颗粒发生交代作用,孔隙发育较少,主要分布于靠近泥岩的砂岩储层中(图 6-5f)。

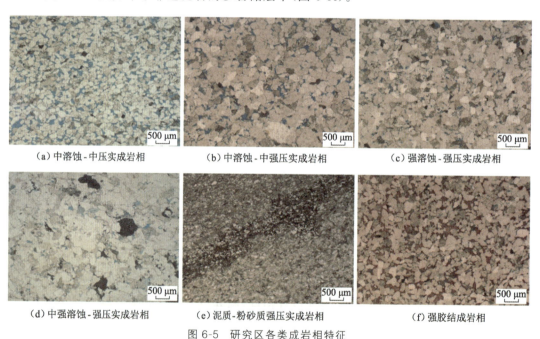

(a)中溶蚀-中压实成岩相　　(b)中溶蚀-中强压实成岩相　　(c)强溶蚀-强压实成岩相

(d)中强溶蚀-强压实成岩相　　(e)泥质-粉砂质强压实成岩相　　(f)强胶结成岩相

图 6-5　研究区各类成岩相特征

第三节　测井成岩相

由于成岩作用差异导致的岩石组分、孔隙结构等变化在测井资料上具有明显不同的响应特征,并且测井资料具有连续记录的特点,因此筛选出与成岩相相关的测井参数,将成岩相和测井参数相对应,建立连续的成岩相测井解释模型。目前国内外主要通过测井参数及数学方法建立成岩相测井判别模型,如赖锦等(2013)将成岩相与测井参数通过蜘蛛网图来直观反映;张海涛等(2012)通过贝叶斯判别建立测井参数与成岩相的线性多元判别关系,从而进行成岩相的连续定量识别;Turner(1997)通过自然伽马曲线来识别黏土膜胶结成岩相;景成等(2014)、宋子齐等(2011)结合多种成岩定量参数与测井信息,利用灰色理论综合评价法定量分析致密气藏的单井成岩相。研究中针对弱胶结的低渗透砂岩储层,筛选出与溶蚀、压实作用相关的测井敏感参数(如自然伽马、中子、声波时差、密度和电阻率),利用 BP 神经网络技术建立视溶蚀率、视压实率与测井敏感参数的关系,进而实现成岩相的测井定量解释。

一、成岩相测井特征及测井参数优选

不同成岩相所导致的储层岩石成分和孔隙结构差异性在测井资料上具有明显的响应特征,因此筛选出与成岩相划分密切相关的测井参数,将不同成岩相和测井参数相对应,建立连续的成岩相测井解释模型。结合研究区成岩作用以压实和溶蚀为主的特点,筛选出对压实、溶蚀作用敏感的测井参数:DT(声波)、DEN(密度)、GR(自然伽马)、CNCF(中子)、RT(电阻率)。其中,声波和密度对溶蚀所造成的孔隙度的增大作用较为敏感,自然伽马和中子对压实作用较为敏感,电阻率在一定程度上能够反映储层的微观孔隙结构,并且自然伽马能反映地层中岩石的岩性、泥质含量等(图 6-6)。

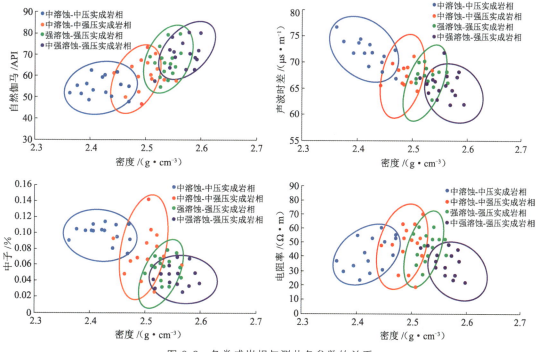

图 6-6　各类成岩相与测井各参数的关系

因此,以声波、密度、自然伽马、中子、电阻率作为参数,考虑测井系列的差异性,首先需要在对各井的测井曲线以及所对应的视溶蚀率、视压实率进行单位归一的基础上,对全井段的数据进行标准化处理,以清除各井间变量单位不统一带来的不利问题,同时消除测井仪器造成的随机偏差及系统误差,保证测井数据能更准确地反映地层特征,消除各井之间由于测井系列不统一所造成的影响。

二、测井成岩相定量预测方法

研究区薄片数量较多,其中岩芯薄片约 400 张、壁芯薄片约 300 张,有效地覆盖了研究区目的层的深度范围。通过对薄片的细致观察及对 200 余张薄片成岩作用的定量表征,进行单井成岩相分析(图 6-7),在纵向上对成岩相发育进行研究。基于大量基础性工作的细致分析,利用 BP 神经网络技术建立测井参数与成岩强度的关系,选择 5 种测井参数作为输入神经元,以视溶蚀率、视压实率为决策属性作为输出神经元,建立测井成岩相预测神经网络结构图(图 6-8),选取通过薄片观察得到的成岩强度参数及对应的测井参数作为神经网络训练样本,训练误差控制在小于 0.1%。BP 神经网络法判别测井成岩相流程如图 6-9 所示。由训练数据的实测值与网络计算所得值(预测值)对比可知两者拟合效果较好(图 6-10),在单井上两者匹配性较好,网络建立达到目的,进而进行 4 口井全井段成岩相预测解释。

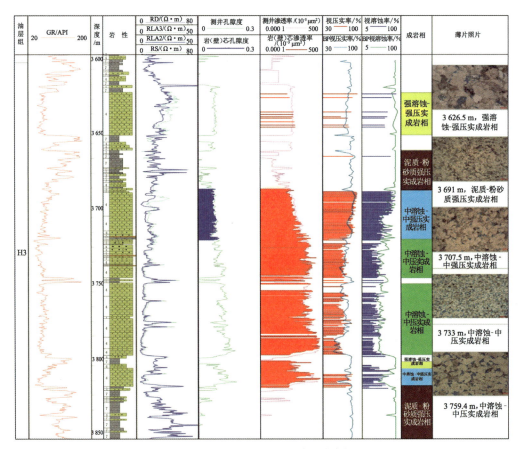

图 6-7 X-2 井 H3 油层组单井成岩相

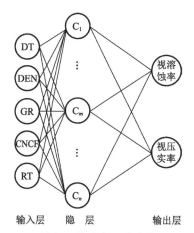

图 6-8　BP 神经网络成岩强度参数预测结构图

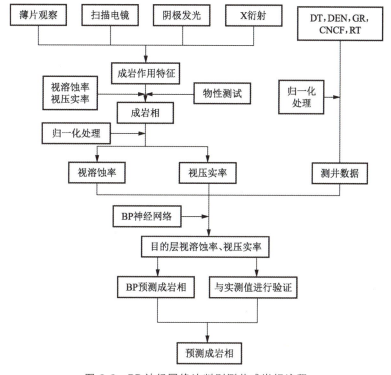

图 6-9　BP 神经网络法判别测井成岩相流程

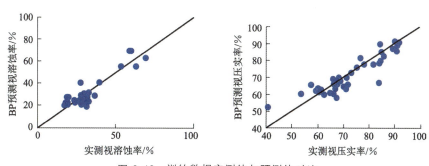

图 6-10　训练数据实测值与预测值对比

三、测井成岩相分布特征

H3 油层组整体压实作用较弱,发育多种成岩相类型。其中,H3a 砂组和 H3b-1 小层分选差,成分成熟度低,多发育强溶蚀-强压实成岩相;H3b-2 小层砂岩以细砂岩为主且分选较好,压实作用较弱,以中溶蚀-中强压实成岩相为主;H3b-3,H3b-4 和 H3b-5 小层以中溶蚀-中压实成岩相及中溶蚀-中强压实成岩相最发育,孔隙多为连通性较好的复合孔隙;H3c 砂组储层砂体成因类型多样,成岩相类型有中溶蚀-中压实成岩相、中溶蚀-中强压实成岩相、泥质-粉砂质强压实成岩相,不同井段差异性较大。由于埋藏深度相对较深,H4 和 H5 油层组与 H3 油层组相比压实作用较强,储层砂岩分选较差,成分成熟度低,塑性岩屑含量相对较高,颗粒多以凹凸接触为主,主要成岩相类型为强溶蚀-强压实成岩相、中强溶蚀-强压实成岩相、泥质-粉砂质强压实成岩相。但在 H4b-3 小层压实作用相对较弱,发育中溶蚀-中强压实成岩相,孔隙多为粒间残余原生孔;在 H5b-1 和 H5b-2 小层溶蚀作用相对较强,发育强溶蚀-强压实成岩相,强烈溶蚀作用产生较多粒间溶孔、粒内溶孔及铸模孔。4 口井测井成岩相剖面如图 6-11 所示。

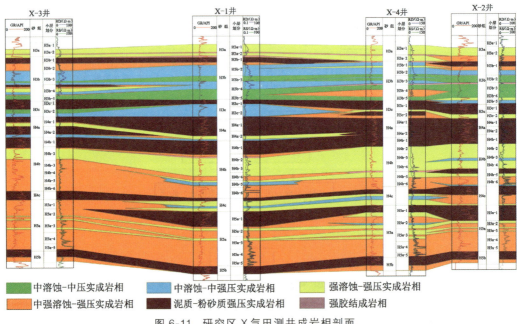

图 6-11　研究区 X 气田测井成岩相剖面

第四节　地震成岩相预测

由于地震资料的解释精度问题,目前国内外利用地震手段对成岩相进行平面预测的成果较少。Mathisen(1997)利用地震地层学和地震岩石学的手段粗略地区别出多孔成相带和致密成岩相带,建立了成岩相的地震-地层模型;曾洪流等(2013)等分析了方解石含量及泥质相对含量与波阻抗的关系,识别出两种地震成岩相(钙质胶结相和泥质胶结相),并结合沉积相展布进行地震成岩相的预测。

成岩相单元与沉积相单元有一定的联系(图 6-12)。例如在 H3 油层组中,压实程度中等,中溶蚀-中压实成岩相主要发育在以中砂岩为主、分选较好的远岸水下分流河道中,中溶蚀-中强压实成岩相多发育在以细砂岩为主的远岸水下分流河道和近岸水下分流河道中;在 H4 和 H5 油层组中,压实程度较强,近岸水下分流河道微相发育有中溶蚀-中强压实成岩相和强溶蚀-强压实成岩相,水下分流间湾微相由于岩性较细、泥质含量高,多发育泥质-粉砂质强压实成岩相,碳酸盐胶结相主要发育在邻近水下分流间湾的砂岩中。因此,沉积微相平面展布对成岩相分布预测具有一定的指导意义。

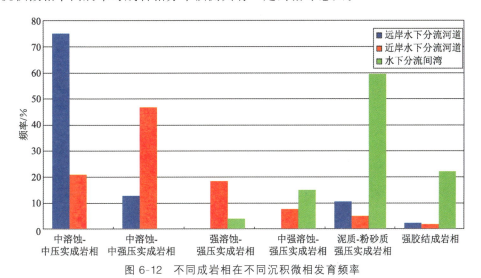

图 6-12 不同成岩相在不同沉积微相发育频率

由于研究区面积大、钻井少(仅 4 口取芯井),成岩相平面展布预测难度较大。因此,研究中探索了一种充分利用地震反演参数,井震结合来预测成岩相的方法和技术。岩芯分析显示,研究区发育低孔低渗储层,不同成岩相储层的压实和溶蚀程度不同,在地球物理特征上表现为纵横波传播速度的差异,这种差异可以通过敏感的地震反演属性参数表现出来。

研究发现,纵波阻抗(I_p)、横波阻抗(I_s)和纵横波速度比(v_p/v_s)分别与视溶蚀率呈负相关关系,而与视压实率呈正相关关系(图 6-13)。因此,地震成岩相预测研究思路为:从地质认识出发,分别将视溶蚀率和视压实率与 I_p,I_s,v_p/v_s 参数进行多元线性回归,将回归方程导入地震反演数据体进行视溶蚀率和视压实率的属性反演,叠合视溶蚀率、视压实率参数平面分布,确定主要地震成岩相的平面分布。

视溶蚀率 c_{or} 和视压实率 c_o 与 I_p,I_s,v_p/v_s 的回归关系为:

$$c_{or} = 4.076\,72 \times 10^{-6} I_p + 3.849\,35 \times 10^{-5} I_s - 244.484\,517 v_p/v_s + 80.169\,368\,78$$

$$c_o = -1.681\,26 \times 10^{-6} I_p + 3.839\,44 \times 10^{-5} I_s - 204.390\,348\,8 v_p/v_s + 103.147\,88$$

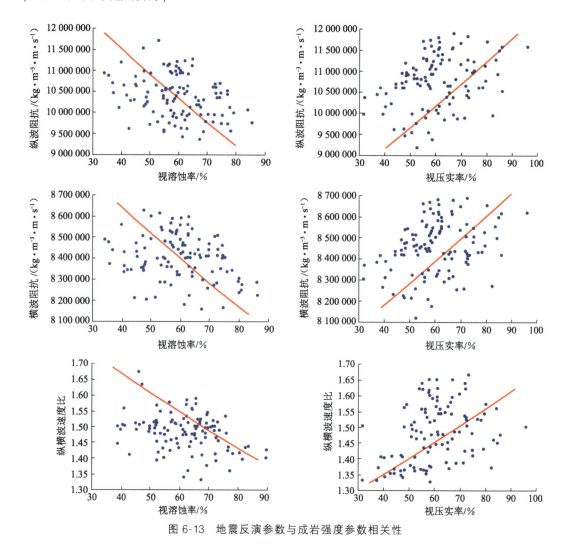

图 6-13　地震反演参数与成岩强度参数相关性

　　以 X 气田 H3 油层组为例,叠合视溶蚀率、视压实率的地震反演属性(图 6-14a,b),得到地震成岩相平面展布图(图 6-14d)。由前面沉积微相研究可知,H3 油层组主要发育辫状河三角洲前缘的水下分流河道(图 6-14c),研究区仅有的 4 口井均处在该有利相带内。成岩相研究发现 4 口井存在明显的成岩特征差异性。X-1 井和 X-2 井视压实率约 60%,为中等压实,视溶蚀率约 60%,为中等溶蚀,属于中溶蚀-中压实成岩相;X-3 井和 X-4 井视压实率约 73%,为中强压实,X-3 井视溶蚀率为 65%,X-4 井视溶蚀率约 55%,为中等溶蚀,属于中溶蚀-中强压实成岩相。X-1 井和 X-2 井的成岩相优于 X-3 井和 X-4 井的成岩相。通过物性统计结果可知,X-1 井、X-2 井、X-3 井和 X-4 井的平均孔隙度分别为 11.8%,13.2%,8.5% 和 7.1%,平均渗透率分别为 $12.3 \times 10^{-3} \, \mu m^2$, $23.3 \times 10^{-3} \, \mu m^2$, $4.52 \times 10^{-3} \, \mu m^2$ 和 $1.96 \times 10^{-3} \, \mu m^2$,可见 X-1 井和 X-2 井的物性高于 X-3 井和 X-4 井,从而验证了地震成岩相研究结果的准确性。因此,以岩芯特征为标准,井震结合研究成岩相更能精细预测优质储层的分布。依据此方法分别绘制 H4 和 H5 油层组地震成岩相平面图,结合沉积相展布预测有利储层的分布(图 6-15)。

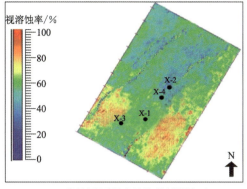

（a）H3油层组视溶蚀率地震反演属性切片

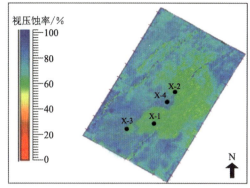

（b）H3油层组视压实率地震反演属性切片

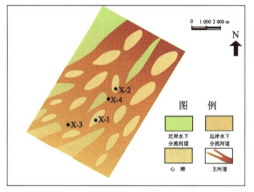

（c）H3油层组沉积相平面图

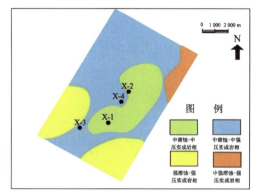

（d）H3油层组地震成岩相图

图 6-14　研究区 H3 油层组储层沉积相及成岩相平面展布

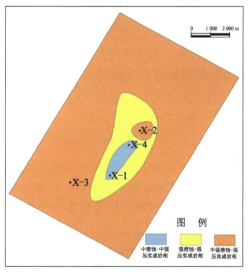

（a）H4油层组地震成岩相平面图

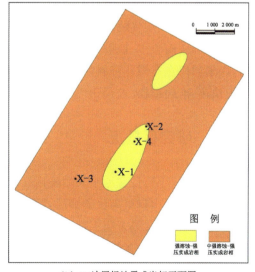

（b）H5油层组地震成岩相平面图

图 6-15　研究区 H4 和 H5 油层组地震成岩相平面图

第七章
气藏地震预测

从等时地层构造解释到岩性预测,从岩性预测到等时单元沉积相精细刻画,最后到地下储层流体预测,这是逐步发展的油气藏勘探开发对地震地质研究的要求,而从构造解释到流体预测,这几个不同任务之间是逐级深入的,等时单元贯穿其中。不同的勘探开发阶段、不同的资料条件、不同的精度要求决定了不同的研究方法,从在本章的两个实例中可以清楚地看到这一点。

第一节 浅层气藏含气性地震预测

天然气在世界经济发展中的重要性日益突出,并将成为未来能源消费中增长最快的部分。在我国油气供需矛盾加剧和陆上老油田石油勘探难度不断增大的背景下,浅层气藏以其"埋藏浅、钻井安全性高、开采成本低"的特点成为陆上油气勘探的重要方向之一。但同时老油田浅层气藏勘探中有效井资料少、成藏控制因素复杂、岩石疏松、流体特征复杂、测井响应假象多、地震信息多解性强等难题也不容回避。本节以吉林红岗浅层气藏为例,探索如何在有限井资料的约束下应用叠后地震资料和地球物理技术实现浅层岩性气藏的快速、准确勘探。

一、研究区概况

研究区位于松辽盆地中央坳陷区红岗构造西翼,自下而上发育白垩系泉头组扶余、杨大城子油层,青山口组高台子油层,姚家组萨尔图、葡萄花油层,嫩江组黑帝庙和明水组 7 套油气层。浅层的黑帝庙上部 HI3 气层顶面构造形态为一轴向北北东向,两翼不对称的完整长轴背斜,西陡东缓,西侧发育红岗断层,受多期构造运动的影响,红岗断层具有"下正上逆"的特点,断层与背斜走向平行,控制了红岗构造的西侧边界,储层埋深浅,物性较好(中孔中渗储层)。

研究区浅层地层水电阻率随深度变化大,同时在浅层钻井过程中为了气层钻井安全,钻井液密度和矿化度不断调整,致使含气砂岩在自然电位和电阻率曲线上特征不明显,呈现低阻特征,气层测井识别难度大。

黑帝庙气藏埋藏浅,砂岩疏松,物性好,前人研究认为气藏分布受控于构造和岩性双重因素,因此气藏勘探的关键是寻找含气砂体。研究区浅层属于河流—三角洲沉积体系,非均质性强,而过路井在浅层仅有标准测井,难以满足浅层低阻气藏研究的需要。针对这一问题,研究区气藏勘探应依靠地震资料,发挥其横向信息密集覆盖的优势,开展基于叠后地震资料的浅层含气砂体预测研究。

二、地震属性分析

选取对含气砂岩反映较好的振幅、能量、频率及吸收衰减等多种地震属性进行分析,结果显示这些单一地震属性反映的特征具有一致性,在研究区中部和东北部各有一个属性异常区(图 7-1)。利用试气和测井资料对地震属性信息进行标定,研究区 HI3 小层仅有的一口试气井(H18 井)位于地震属性异常区内,而异常区外的中深层过路井在该层没有含气特征显示,据此初步判定北部和中部地震属性异常区为有利含气区。

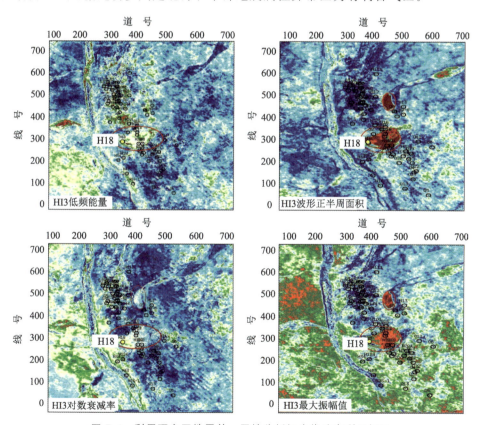

图 7-1　利用研究区地震单一属性分析初步优选有利目标区

三、含气砂岩地震反射特征

明确研究区的浅层含气砂岩地震反射特征是在地震剖面上识别气藏的前提,为此对

HI3 气藏地质模型开展地震正演模拟。根据该气藏的地质特征建立与实际尺度相近的含气背斜模型,模型中的砂泥岩速度采用试气井 HI3 小层泥岩和含气砂岩速度(图 7-2a)。

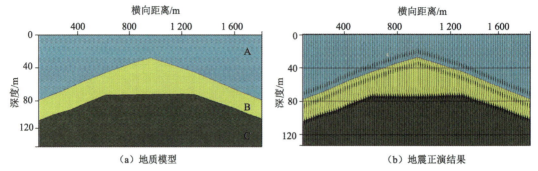

图 7-2 研究区浅层气藏模型地震正演显示气藏顶面为较强的波谷特征

模型中 A 和 C 为泥岩,B 为含气砂岩

正演结果显示,气藏顶面对应较强的波谷反射,底部为强波峰反射,这是由于浅层含气砂岩速度低于上覆泥岩,在气藏顶面形成负反射系数界面而在气藏底部形成正反射系数界面造成的(图 7-2b)。从图 7-3 所示地震剖面特征来看,地震属性显示异常的区域在地震反射剖面上与正演的含气砂岩反射特征相近。

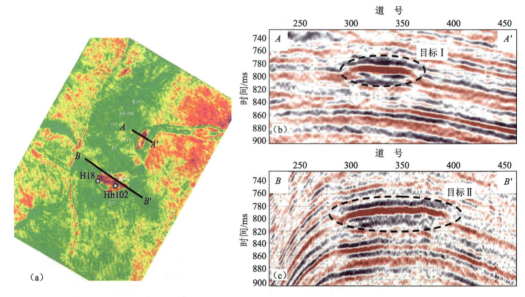

图 7-3 研究区 HI3 有利含气目标区顶面在地震剖面上呈现强波谷特征

(a) 地震属性在平面上显示有利目标区;(b)和(c) 过目标区的地震剖面

四、气藏敏感参数预测

前人研究认为 HI3 气藏为构造岩性气藏,构造是气藏分布的重要控制因素,北部有利目标区在地震属性和剖面反射上具备气藏特征,但该区位于红岗背斜东翼的单斜位置,

构造位置低,不具备构造圈闭条件。为了排除构造等非含气因素造成的地震响应特征异常,落实该目标区是否发育岩性气藏,开展基于声波测井和地震多属性的声波时差参数空间分布预测研究。

声波测井资料与地震属性之间一方面存在信息尺度差异,另一方面两者所反映的地质和地球物理信息不同,因此声波测井与地震属性之间的关系是一种复杂的非线性映射关系。由于神经网络算法是描述变量间复杂映射关系的一种有效方法,因此研究中采用概率神经网络(PNN)算法对油藏声波时差参数进行预测。这种预测将测井与多种地震属性相结合,可避免单一地震属性反映信息的片面性,实现气层测井敏感参数在平面上的合理延伸。

对地震属性的合理选择是进行油藏参数预测的关键,只有选择那些与声波时差曲线相关性好、对储层含气性敏感的属性参数才能使预测结果准确可靠。研究中利用判别分析对多种地震属性进行优化,最终选取了 6 种地震属性参与预测(图 7-4a)。以现有井点处的测井和地震属性为样本,对建立的神经网络进行训练(图 7-4b)。训练结果显示,测井与地震多属性的相关性良好,相关系数达到 0.87。将训练好的神经网络应用于整个研究区,对三维空间内的声波时差参数分布特征进行预测,实现平面覆盖的大尺度地震资料与"一孔之见"的小尺度测井资料的不同分辨率信息整合。从预测结果看,目标区表现出声波时差高值,符合含气砂岩特征(图 7-5),从而落实了气藏的分布。

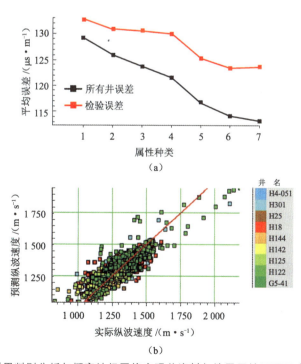

（a）

（b）

图 7-4　利用判别分析与概率神经网络实现井资料与地震属性不同尺度信息融合

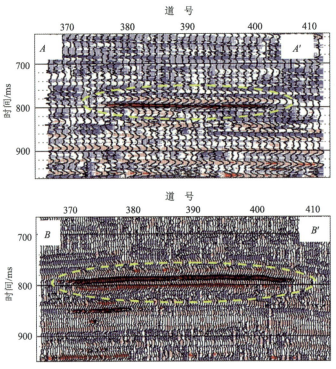

图 7-5　目标区在声波时差空间分布预测剖面上的特征(剖面线的平面位置同图 7-3)

五、应用检验及效果

所部署的新井均获得了高产工业气流,其中 H102 井试气日产 124.2×10^3 m³,同时对研究区气藏的控制因素有了准确认识,突破了只在构造高部位找气的误区,拓宽了研究区下一步浅层气藏勘探的思路。更为重要的是,研究中建立了适合老油田浅层岩性气藏勘探的一套技术流程和方法,解决了制约老油田浅层气藏快速勘探和高效开发的技术难题,应用效果显著。

第二节　深层低渗气藏含气性地震预测

一、研究区概况

研究区大老爷府气田位于吉林探区东南部大老爷府地区,地面平坦,海拔 160～180 m,地面条件好,有利于天然气的勘探、开发与集输。大老爷府构造位于长岭断陷东部斜坡带(图 7-6),为北西—南东向发育的鼻状背斜构造,三维地震勘探面积 444 km²。目的层段下白垩统泉头组一段和登娄库组的储层沉积相类型以河流相沉积为主,物源方向主要为近南北方向,埋深大于 2 000 m。

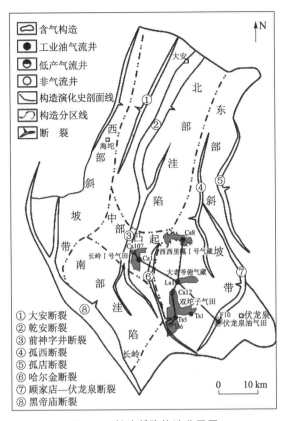

图例：
- 含气构造
- 工业油气流井
- 低产气流井
- 非气流井
- 构造演化史剖面线
- 构造分区线
- 断裂

① 大安断裂
② 乾安断裂
③ 前神字井断裂
④ 孤西断裂
⑤ 孤店断裂
⑥ 哈尔金断裂
⑦ 顾家店—伏龙泉断裂
⑧ 黑帝庙断裂

0　10 km

图 7-6　长岭断陷构造分区图

地震资料及钻井揭示,研究区自下而上发育前震旦系,石炭—二叠系,上侏罗统火石岭组,下白垩统沙河子组、营城组和登娄库组、泉头组、青山口组及嫩江组。研究区地层展布及沉积特征受古地形及构造活动影响明显。

目前大老爷府地区处于滚动勘探开发阶段,实际钻入目的层段的井共 10 口,但仅 3 口井试气后见低产气流。

二、含气段频率分析

研究中采用的是叠后地震资料含气检测技术,具体方法是频谱分解,这是因为气层的存在会造成地震波传播过程中频率的快速衰减。

对目的层段实际地震资料进行频谱分析得知,资料的主频在 40 Hz 左右,频带宽度为 10～90 Hz。对地震数据体做广义 S 变换得到了 10～90 Hz 之间间隔为 5 Hz 的单频数据体,并通过过井的单频地震剖面观察气层的频率衰减响应。

图 7-7 所示为 L14 井综合柱状图与过 L14 井的井旁地震道时频分析。从综合柱状图可以看出,试气层位在登娄库组 2 砂组,获得 2 320 m³ 气流,气测曲线表现为较高的甲烷含量,通过中子、密度曲线的交会显示可以看到明显的"挖掘效应",这一切都表明登娄库组 2 砂组是含气的主力层位;过 L14 井的井旁地震道时频分析剖面上在登娄库组 2 砂组

的位置处出现明显的频率衰减现象,在 2 砂组顶面频率可达 60 Hz,到 2 砂组和 3 砂组频率明显降低,主要集中在 30 Hz,说明 2 砂组内气层的存在造成地震波穿过该层时能量被吸收,频率降低。

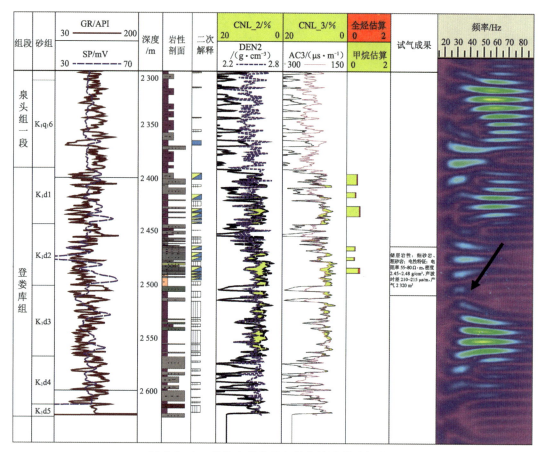

图 7-7　L14 井综合柱状图与井旁地震道时频分析

图 7-8 所示为 L9 井综合柱状图与过 L9 井的井旁地震道时频分析。从综合柱状图可以看出,在登娄库组 1 砂组和 2 砂组有多套试气层位,气测曲线上登娄库组 2 砂组表现出较高的甲烷含量,而且中子、密度交会图上也出现了明显的"挖掘效应",综合分析知登娄库组 2 砂组为主力出气层位;对 L9 井的井旁地震道进行时频分析可知,在登娄库组 2 砂组处发生明显的频率衰减现象。

通过对过 L14 井和 L9 井的地震道进行频谱分解可以发现,气层顶部与底部的频率差别很大,衰减现象明显,因此可判断在大老爷府地区由于气层的存在造成的地震波频率衰减现象是比较明显的,可以利用频谱分解技术来预测气层的分布。

三、含气性地震预测

采用目的层顶底面的频率属性图来预测横向上气层的分布。图 7-9 和图 7-10 所示分别为对登娄库组 2 砂组顶面和底面提取的 65 Hz 瞬时频率属性。可以看出,在 2 砂组顶面属性图上 L9 井附近能量较强,而在 2 砂组底面属性图上 L9 井附近的能量减弱,说明气层的存在导致高频能量的衰减。

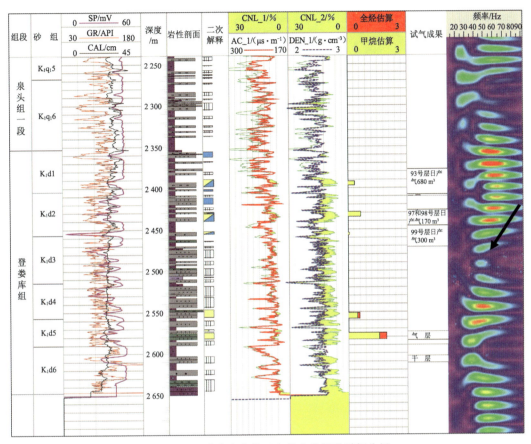

图 7-8 L9 井综合柱状图与井旁地震道时频分析

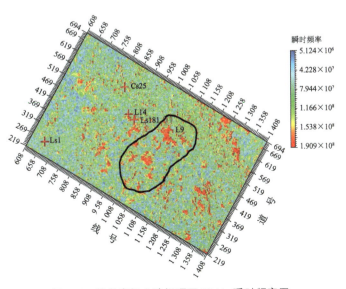

图 7-9 登娄库组 2 砂组顶面 65 Hz 瞬时频率图

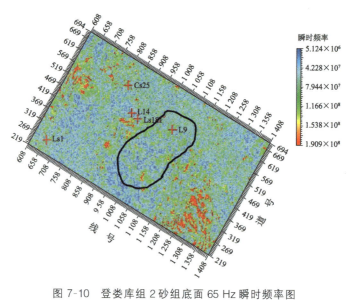

图 7-10　登娄库组 2 砂组底面 65 Hz 瞬时频率图

　　通过对登娄库组 2 砂组顶底进行频率分析,有利目标区的登娄库组 2 砂组顶底面的频率差异明显(顶面明显高于底面),判断该区属性异常是气层存在造成的频率衰减现象,从而预测出有利含气区的分布。

参考文献

毕海龙,李斌,聂万才,等,2010.地震沉积学在下石盒子组河流相层序界面识别中的应用[J].石油地球物理勘探,45(S1):191-195.

陈彦华,刘莺,1994.成岩相——储集体预测的新途径[J].石油实验地质,16(3):274-281.

陈遵德,1998.储层地震属性优化方法[M].北京:石油工业出版社.

崔立叶,2009.珠江口盆地番禺低隆起区珠江组层序地层与沉积相研究[D].北京:中国地质大学(北京).

戴俊生,2006.构造地质学及大地构造[M].北京:石油工业出版社.

邓宏文,吴海波,王宁,等,2007.河流相层序地层划分方法——以松辽盆地下白垩统扶余油层为例[J].石油与天然气地质(5):621-627.

董春梅,张宪国,林承焰,2006a.地震沉积学的概念、方法和技术[J].沉积学报,24(5):698-704.

董春梅,张宪国,林承焰,2006b.有关地震沉积学若干问题的探讨[J].石油地球物理勘探,41(4):405-409.

董艳蕾,朱筱敏,曾洪流,等,2008.黄骅坳陷歧南凹陷古近系沙一层序地震沉积学研究[J].沉积学报,26(2):234-240.

董艳蕾,朱筱敏,耿晓洁,等,2015.利用地层切片研究陆相湖盆深水滑塌浊积扇沉积特征[J].地学前缘,22(1):386-396.

董艳蕾,朱筱敏,胡廷惠,等,2011.泌阳凹陷核三段地震沉积学研究[J].地学前缘,18(2):284-293.

耿晓洁,朱筱敏,董艳蕾,2016.地震沉积学在近岸水下扇沉积体系分析中的应用——以泌阳凹陷东南部古近系核三上亚段为例[J].吉林大学学报(地球科学版),46(1):57-64.

黄众,朱红涛,周心怀,等,2012.渤中凹陷西斜坡BZ3-8区块东营组东二下高分辨率井震层序及地震沉积学[J].海洋地质与第四纪地质,32(1):61-67.

黄平,李坦,胡相嵩,2008.测井相分析方法及研究[J].科技创新导报(3):63-63.

江文荣,2008.涠洲11-4N油田始新统流沙港组一段油藏精细描述[D].成都:西南石油大学.

姜鹏,2006. 里下河古潟湖相软土发育机理及其工程特性研究[D]. 南京:东南大学.

景成,蒲春生,周游,等,2014. 基于成岩储集相测井响应特征定量评价致密气藏相对优质储层——以 SULG 东区致密气藏盒 8 上段成岩储集相为例[J]. 天然气地球科学,25(5):657-664.

赖锦,王贵文,王书南,等,2013. 碎屑岩储层成岩相测井识别方法综述及研究进展[J]. 中南大学学报(自然科学版),44(12):4 942-4 953.

李斌,宋岩,何玉萍,等. 地震沉积学探讨及应用[J],2009. 地质学报,83(6):820-826.

李胜利,于兴河,谢玉洪,等,2010. 滨浅海泥流沟谷识别标志、类型及沉积模式——以莺歌海盆地东方 1-1 气田为例[J]. 沉积学报,28(6):1 076-1 080.

李思田,2015. 沉积盆地动力学研究的进展、发展趋向与面临的挑战[J]. 地学前缘,22(1):1-8.

栗宝鹃,董春梅,林承焰,等,2016. 不同期次浊积扇体地震沉积学研究——以车西洼陷缓坡带车 40-44 块沙三上亚段为例[J]. 吉林大学学报(地球科学版),46(1):65-79.

栗宝鹃,董春梅,林承焰,等,2014. 构造坡折带浊积扇体地震相识别——以车西洼陷为例[C]. 山东青岛:第三届中国油气藏开发地质学大会.

林承焰,张宪国,2006. 地震沉积学探讨[J]. 地球科学进展,21(11):1 140-1 144.

林承焰,张宪国,王友净,等,2008. 地震油藏地质研究及其在大港滩海地区的应用[J]. 地学前缘,15(1):140-145.

凌云,郭建明,郭向宇,等,2011. 油藏描述中的井震时深转换技术研究[J]. 石油物探,50(1):1-13.

刘保国,刘力辉,2008. 实用地震沉积学在沉积相分析中的应用[J]. 石油物探,47(3):266-271.

刘国宁,吴朝东,张卫平,等,2014. 基于地震沉积学的油气储层研究——以胜利油田飞雁滩地区河流相储层为例[J]. 天然气地球科学,25(S1):17-21.

刘化清,倪长宽,陈启林,等,2014. 地层切片的合理性及影响因素[J]. 天然气地球科学,25(11):1821-1829.

刘喜武,刘洪,李幼铭,等,2006. 基于广义 S 变换研究地震地层特征[J]. 地球物理学进展,21(2):440-451.

刘震,1997. 储层地震地层学[M]. 北京:地质出版社.

卢林,汪企浩,黄建军,2007. 北部湾盆地涠西南和海中凹陷新生代局部构造演化史[J]. 海洋石油,27(1):25-29.

陆基孟,2009. 地震勘探原理[M]. 东营:中国石油大学出版社.

陆永潮,杜学斌,陈平,等,2008. 油气精细勘探的主要方法体系——地震沉积学研究[J]. 石油实验地质,30(1):1-5.

马云,李三忠,张丙坤,等,2013. 北部湾盆地不整合面特征及构造演化[J]. 海洋地质与第四纪地质,33(2):63-72.

倪凤田,2008.基于地震属性分析的储层预测方法研究[D].青岛:中国石油大学(华东).

撒利明,杨午阳,姚逢昌,等,2015.地震反演技术回顾与展望[J].石油地球物理勘探,50(1):184-202.

宋洪勇,2011.分数阶希尔伯特变换及其在地震沉积学中的应用[D].成都:成都理工大学.

孙耀华,王华,陆永潮,等,2009.泌阳凹陷复杂圈闭地震地质综合研究方法[J].石油与天然气地质,30(3):370-378.

宋子齐,王瑞飞,孙颖,等,2011.基于成岩储集相定量分类模式确定特低渗透相对优质储层——以 AS 油田长 61 特低渗透储层成岩储集相定量评价为例[J].沉积学报,29(1):88-96.

魏嘉,朱文斌,朱海龙,等,2008.地震沉积学——地震解释的新思路及沉积研究的新工具[J].勘探地球物理进展,31(2):95-101.

魏巍,张顺,张晨晨,等,2014.松辽盆地北部泉头组—嫩江组河流与湖泊—三角洲相地震沉积学特征[J].沉积学报,32(6):1 153-1 161.

夏竹,刘兰锋,任敦占,等,2007.基于地震道时频分析的地层结构解析原理和方法[J].石油地球物理勘探,42(1):57-65.

谢玉洪,刘力辉,陈志宏,2010.中国南海地震沉积学研究及其在岩性预测中的应用[M].北京:石油工业出版社.

徐怀大,1990.地震地层学解释基础[M].武汉:中国地质大学出版社.

杨彬,林承焰,2005.地震波形分类技术在地震相分析中的应用——以大港 GJP 地区的地震相分析为例[J].岩性油气藏,17(1):51-56.

杨飞,章学刚,雷海飞,2017.地震沉积学[M].北京:科学出版社.

杨占龙,陈启林,沙雪梅,等,2008.关于地震波形分类的再分类研究[J].天然气地球科学,19(3):377-380.

杨占龙,彭立才,陈启林,等,2007.地震属性分析与岩性油气藏勘探[J].石油物探,46(2):131-136.

应凤祥,罗平,河东博,等,2004.中国含油气盆地碎屑岩储集层成岩作用与成岩数值模拟[M].北京:石油工业出版社.

尹青,万朝大,刘伟君,等,2011.地震相分析及其在石油勘探中的应用[J].地质找矿论丛,26(1):79-84.

印兴耀,韩文功,李振奋,等,2006.地震技术新进展[M].东营:中国石油大学出版社.

于建国,姜秀清,2003.地震属性优化在储层预测中的应用[J].石油与天然气地质,24(3):291-295.

曾洪流,赵贤正,朱筱敏,等,2015.隐性前积浅水曲流河三角洲地震沉积学特征——以渤海湾盆地冀中坳陷饶阳凹陷肃宁地区为例[J].石油勘探与开发,42

(5):566-576.

曾洪流,2011.地震沉积学在中国:回顾和展望[J].沉积学报,29(3):417-426.

曾洪流,朱筱敏,朱如凯,等,2013.砂岩成岩相地震预测——以松辽盆地齐家凹陷青山口组为例[J].石油勘探与开发,40(3):266-274.

晁彩霞,2013.文昌13-1油田珠江组地震沉积学及其应用研究[D].青岛:中国石油大学(华东).

张海涛,时卓,石玉江,等,2012.低渗透致密砂岩储层成岩相类型及测井识别方法——以鄂尔多斯盆地苏里格气田下石盒子组8段为例[J].石油与天然气地质,33(2):256-264.

张启明,苏厚熙,1989.北部湾盆地石油地质[J].海洋地质与第四纪地质,9(3):73-82.

张尚锋,刘武波,殷一丹,等,2014.地震沉积学在陆相湖盆沉积体系研究中的应用——以江陵凹陷上白垩统渔洋组为例[J].石油天然气学报,36(5):59-64.

张万选,1993.陆相地震地层学[M].东营:石油大学出版社.

张宪国,林承焰,张涛,等,2011.大港滩海地区地震沉积学研究[J].石油勘探与开发,38(1):40-46.

张宪国,张涛,林承焰,等,2014.珠江口盆地文昌13-1油田ZJ2-1U砂组沉积微相地震刻画[J].石油地球物理勘探,49(5):964-970.

张延章,尹寿鹏,张巧玲,等,2006.地震分频技术的地质内涵及其效果分析[J].石油勘探与开发,33(1):64-66.

张义娜,朱筱敏,刘长利,2009.地震沉积学及其在中亚南部地区的应用[J].石油勘探与开发,36(1):74-79.

赵东娜,朱筱敏,董艳蕾,等,2014.地震沉积学在湖盆缓坡滩坝砂体预测中的应用——以准噶尔盆地车排子地区下白垩统为例[J].石油勘探与开发,41(1):55-61.

赵峰,2005.涠洲地区低渗透储层损害机理与保护措施研究[D].成都:西南石油大学.

赵政璋,2005.储层地震预测理论与实践[M].北京:科学出版社.

朱庆荣,张越迁,于兴河,等,2003.分频解释技术在表征储层中的运用[J].矿物岩石,23(3):104-108.

朱伟林,江文荣,1998.北部湾盆地涠西南凹陷断裂与油气藏[J].石油学报,19(3):6-10.

朱红涛,杨香华,周心怀,等,2011.基于层序地层学和地震沉积学的高精度三维沉积体系——以渤中凹陷西斜坡BZ3-1区块东营组为例[J].地球科学(中国地质大学学报),36(6):1 073-1 084.

朱筱敏,董艳蕾,胡廷惠,等,2011.精细层序地层格架与地震沉积学研究——以泌阳凹陷核桃园组为例[J].石油与天然气地质,32(4):615-624.

朱筱敏,赵东娜,曾洪流,等,2013. 松辽盆地齐家地区青山口组浅水三角洲沉积特征及其地震沉积学响应[J]. 沉积学报,31(5):889-897.

朱筱敏,曾洪流,董艳蕾,2017. 地震沉积学原理与应用[M]. 北京:石油工业出版社.

邹才能,陶士振,周慧,等,2008. 成岩相的形成、分类与定量评价方法[J]. 石油勘探与开发,35(5):526-540.

BROWN A R,1996. Seismic attributes and their classification[J]. The Leading Edge,15(10):1090-1090.

CHRISTIEBLICK N,DRISCOLL N W,1996. Sequence Stratigraphy[M]. Blackwell Science.

DAM R L V,SCHLAGER W,2000. Identifying causes of ground-penetrating radar reflections using time-domain reflectometry and sedimentologicalanalyses [J]. Sedimentology,47(2):435-449.

FRISO BROUWER,GEERT DE BRUIN,DAVID CONNOLLY. Interpretation of seismic data in the wheeler domain:Integration with well logs,regional geology and analogs[J]. SEG,2008,2 786-2 790.

LIU QIANGHU, ZHU XIAOMIN,YANG YONG,et al,2016. Sequence stratigraphy and seismic geomorphology application of facies architecture and sediment-dispersal patterns analysis in the third member of Eocene Shahejie Formation,slope system of Zhanhua Sag, Bohai Bay Basin, China. Marine and Petroleum Geology,78:766-784.

MATHISEN M E,1997. Controls of quartzarenitediagenesis,Simpson Group,Oklahoma:Implications for reservoir quality prediction[A]//JOHNSON K S. Simpson and Viola Groups in the Southern Midcontinent[C]. Oklahoma:Geological Survey Circular.

POSAMENTIER H W,2009. Seismic stratigraphy into the next millennium:A focus on 3D seismic data[J]. AAPG Annual Convention Program,9:118.

ROBERT E S,1980. Seismic Stratigraphy[M]. Springer Netherlands.

TURNER J R,1997. Recognition of low resistivity,high permeability reservoir beds in the Travis Peak and Cotton Valley of East Texas:ABSTRACT[J]. AAPG Bulletin,81(5):4.

ZENG H L,2001. From seismic stratigraphy to seismic sedimentology:A sensible transition[J]. Gulf Coast Association of Geological Societies,51:413-420.

ZENG H L,HENTZ T F,2004. High-frequency sequence stratigraphy from seismic sedimentology:Applied to Miocene,Vermilion Block 50, Tiger Shoal area, off-shore Louisiana[J]. AAPG Bulletin,88(2):153-174.

ZENG H,BACKUS M M,BARROW K T,et al,1996. Facies mapping from three-dimensional seismic data:Potential and guidelines from a tertiary sandstone-shale sequence model,Powderhorn field,Calhoun County,Texas[J]. AAPG Bulletin,80 (1):16-46.

ZENG H,BACKUS M M,BARROW K T,et al,1998. Stratal slicing,part Ⅰ:Realistic 3-D seismic model[J]. Geophysics,63(2):502-513.

ZENG H,KERANS C,2003. Seismic frequency control on carbonate seismic stratigraphy:A case study of the Kingdom Abo sequence,west Texas[J]. AAPG Bulletin,87(2):273-293.

ZENG H,WILLIAM A A,2001. Seismic sedimentology and regional depositional systems in Mioceno Norte,Lake Maracaibo,Venezuela[J]. The Leading Edge,20 (11):1 260-1 269.

ZHANG TAO, ZHANG XIANGUO, LIN CHENGYAN,et al,2015. Seismic sedimentologic interpretation method of meandering fluvial reservoir:From model to real data. Journal of Earth Science,26(4):598-606.

ZHANG XIANGUO,LIN CHENGYAN,ZHANG TAO,2010. Seismic sedimentology and its application in Shallow Sea Area,Gentle Slope Belt of Chengning Uplift. Journal of Earth Science,21(4):471-479.